Rajni Gautam

Revolucionar o tratamento de águas residuais com a nanotecnologia

Rajni Gautam

Revolucionar o tratamento de águas residuais com a nanotecnologia

Imprint

Any brand names and product names mentioned in this book are subject to trademark, brand or patent protection and are trademarks or registered trademarks of their respective holders. The use of brand names, product names, common names, trade names, product descriptions etc. even without a particular marking in this work is in no way to be construed to mean that such names may be regarded as unrestricted in respect of trademark and brand protection legislation and could thus be used by anyone.

Cover image: www.ingimage.com

This book is a translation from the original published under ISBN 978-620-7-47143-0.

Publisher:
Sciencia Scripts
is a trademark of
Dodo Books Indian Ocean Ltd. and OmniScriptum S.R.L publishing group

120 High Road, East Finchley, London, N2 9ED, United Kingdom
Str. Armeneasca 28/1, office 1, Chisinau MD-2012, Republic of Moldova, Europe
Printed at: see last page
ISBN: 978-620-7-60890-4

Prefácio

Bem-vindo ao prelúdio de "Revolucionando o tratamento de águas residuais com a nanotecnologia". À medida que nos encontramos no precipício de uma mudança de paradigma na gestão ambiental, este livro convida-o a embarcar numa exploração fascinante do mundo da nanotecnologia e das suas aplicações inovadoras no tratamento de águas residuais.

O imperativo de uma gestão sustentável da água nunca foi tão urgente. Os desafios globais colocados pelo crescimento populacional, a industrialização e a degradação ambiental exigem soluções inovadoras. Em resposta, a nanotecnologia surge como um farol de esperança, oferecendo possibilidades sem precedentes para transformar a forma como percepcionamos e abordamos o tratamento de águas residuais.

A génese deste livro reside no reconhecimento da nanotecnologia como um fator de mudança no domínio do tratamento de águas residuais. Embora os métodos tradicionais nos tenham servido bem, as limitações e as repercussões ecológicas levaram à procura de uma solução mais eficiente, sustentável e adaptável. "NanoCleanse" procura desmistificar a ciência por detrás da nanotecnologia e ilustrar o seu potencial para revolucionar a nossa abordagem à purificação da água.

Índice

Capítulo-1 Introdução

Em "Revolucionando o Tratamento de Águas Residuais com Nanotecnologia", embarcamos numa viagem através do domínio de ponta da nanotecnologia para explorar o seu potencial transformador no tratamento de águas residuais. Este livro investiga as aplicações inovadoras de nanomateriais, processos à escala nanométrica e nanossensores, oferecendo um guia completo para revolucionar a forma como gerimos e tratamos as águas residuais.

Palavras-chave: Nanotecnologia

Tratamento de águas residuais

Sustentabilidade ambiental

Nanomateriais

Purificação da água

1.1 Tratamento tradicional de águas residuais

Os métodos tradicionais de tratamento de águas residuais são abordagens estabelecidas e amplamente utilizadas para a purificação da água antes da sua libertação no ambiente ou do seu retorno para reutilização. Estes métodos evoluíram ao longo do tempo e são frequentemente implementados em grande escala em ambientes municipais e industriais. Eis alguns dos métodos tradicionais mais comuns de tratamento de águas residuais:

Triagem: O primeiro passo em muitos processos de tratamento de águas residuais, a triagem envolve a remoção de objectos grandes, como paus, folhas e plásticos, para evitar danos nas bombas e no equipamento a jusante.

Tratamento primário (sedimentação): As águas residuais fluem para grandes tanques de decantação onde os sólidos em suspensão assentam no fundo devido à gravidade. Este tratamento primário ajuda a remover uma parte significativa dos sólidos, reduzindo a carga nas fases de tratamento subsequentes.

Aeração (Lamas activadas): No processo de lamas activadas, as águas residuais são misturadas com microorganismos em tanques de arejamento. Estes microorganismos consomem os poluentes orgânicos, promovendo a sua decomposição. A mistura é depois sedimentada, separando a água tratada das lamas.

Tratamento secundário (tratamento biológico): Esta fase centra-se na redução adicional da carência biológica de oxigénio (CBO) e dos sólidos em suspensão. Os métodos mais comuns incluem filtros de gotejamento, reactores de lote sequencial e vários tipos de lagoas. O tratamento biológico ajuda a decompor a matéria orgânica e os nutrientes.

Clarificação: Após o tratamento biológico, a água é sujeita a uma decantação adicional para remover quaisquer sólidos suspensos ou microorganismos remanescentes. Isto clarifica a água antes de passar à fase seguinte do tratamento.

Filtração: A filtração envolve a passagem da água clarificada através de areia, cascalho ou outros meios porosos para remover partículas finas e quaisquer impurezas restantes. Este passo melhora a clareza e a qualidade da água.

Desinfeção: Para eliminar bactérias, vírus e outros agentes patogénicos nocivos, são utilizados métodos de desinfeção como a cloração, a irradiação ultravioleta (UV) ou a ozonização. Este passo garante que a água tratada cumpre as normas de saúde e segurança.

Tratamento das lamas: As lamas geradas durante o processo de tratamento são submetidas a um tratamento adicional, que pode incluir a digestão, a desidratação e, por vezes, a incineração. O objetivo é reduzir o volume de lamas e torná-las adequadas para eliminação ou reutilização benéfica.

Os métodos tradicionais de tratamento de águas residuais são eficazes no tratamento de uma vasta gama de contaminantes. No entanto, podem ter limitações no tratamento de certos poluentes emergentes e podem consumir energia e recursos significativos. À medida que as preocupações e regulamentações ambientais evoluem, há um interesse crescente em complementar os métodos tradicionais com tecnologias inovadoras e sustentáveis para melhorar a eficiência global do tratamento de águas residuais.

1.2 Desafios e limitações dos processos de tratamento tradicionais

Os processos tradicionais de tratamento de águas residuais, embora eficazes em muitos aspectos, enfrentam vários desafios e limitações. Estas limitações realçam a necessidade de uma investigação contínua e da exploração de métodos alternativos para melhorar a eficiência, a sustentabilidade e a adaptabilidade do tratamento das águas residuais. Apresentamos de seguida alguns dos principais desafios e limitações associados aos processos de tratamento tradicionais:

Remoção limitada de contaminantes emergentes: Os métodos tradicionais podem ter dificuldade em remover eficazmente os contaminantes emergentes, como os produtos farmacêuticos, os produtos de higiene pessoal e os compostos desreguladores endócrinos. Estas substâncias passam frequentemente pelos processos de tratamento praticamente intactas, apresentando riscos potenciais para o ambiente e para a saúde humana.

Intensidade energética: Alguns processos de tratamento tradicionais, em particular o arejamento em sistemas de lamas activadas e a bombagem, podem ser intensivos em energia. A dependência da eletricidade em várias fases do tratamento contribui para os custos operacionais e para as emissões de carbono, tornando o processo global menos sustentável.

Resiliência às alterações climáticas: As alterações climáticas podem afetar o desempenho das estações de tratamento tradicionais. As alterações nos padrões de precipitação, os fenómenos meteorológicos extremos e as alterações na temperatura da água podem afetar os processos biológicos nos sistemas de tratamento, conduzindo potencialmente a ineficiências.

Recuperação limitada de nutrientes: Os métodos de tratamento tradicionais resultam frequentemente na remoção de nutrientes (azoto e fósforo) das águas residuais. Embora isto seja necessário para evitar a eutrofização das águas receptoras, também significa que nutrientes valiosos não são recuperados para potencial reutilização, contribuindo para o esgotamento de recursos essenciais.

Pegada e requisitos de terreno: A pegada física das estações de tratamento de águas residuais tradicionais pode ser substancial, exigindo grandes áreas de terreno. Em áreas densamente povoadas ou urbanas, encontrar espaço adequado para a expansão pode ser um desafio, e a aquisição de terrenos adicionais pode colocar preocupações ambientais e sociais.

Incapacidade de tratar os metais pesados e os poluentes orgânicos persistentes: Os métodos tradicionais podem não remover eficazmente os metais pesados e os poluentes orgânicos persistentes, que podem persistir no ambiente e acumular-se nas lamas. A eliminação ou tratamento adequado das lamas torna-se crucial para evitar a contaminação ambiental.

Elevados custos de infra-estruturas: A construção e manutenção de infra-estruturas de tratamento tradicionais, incluindo tubagens, tanques e estações de bombagem, podem ser de capital intensivo. Este facto coloca desafios às comunidades com recursos financeiros limitados, impedindo o desenvolvimento de instalações adequadas de tratamento de águas residuais.

Adaptação das infra-estruturas existentes: A atualização e a readaptação das estações de tratamento existentes para cumprir normas ambientais mais rigorosas ou para incorporar novas tecnologias pode ser um desafio. A adaptação pode exigir um investimento significativo e pode perturbar as operações em curso.

Perceção e aceitação pelo público: Alguns processos de tratamento tradicionais geram odores e perturbações visuais que podem levar a uma perceção negativa por parte do público. Isto pode resultar na resistência da comunidade à expansão ou estabelecimento de instalações de tratamento de águas residuais.

Adaptabilidade à alteração da qualidade da água: Os processos de tratamento tradicionais podem não ser tão adaptáveis a mudanças súbitas na qualidade da água, como a introdução de descargas industriais ou derrames acidentais. Esta falta de adaptabilidade pode levar a um tratamento inadequado durante eventos inesperados.

Compreender estes desafios e limitações é crucial para impulsionar a inovação no tratamento de águas residuais. A resolução destes problemas exige uma combinação de avanços tecnológicos, alterações políticas e envolvimento do público para construir sistemas de tratamento de águas residuais mais resistentes, sustentáveis e eficientes.

1.3 A urgência crescente de soluções sustentáveis e eficientes

Há uma necessidade premente de abordagens transformadoras para enfrentar os desafios ambientais, particularmente no contexto da gestão de recursos, das alterações climáticas e da procura de um futuro sustentável. Eis uma explicação do motivo pelo qual é cada vez mais urgente encontrar soluções sustentáveis e eficientes:

Crescimento populacional e urbanização: A população mundial está a aumentar constantemente e, com mais pessoas a residir em áreas urbanas, a procura de recursos, incluindo água, energia e alimentos, está a intensificar-se. Soluções sustentáveis e eficientes são cruciais para satisfazer a procura crescente sem esgotar os recursos naturais ou exacerbar a degradação ambiental.

Escassez de recursos: Muitas regiões enfrentam desafios relacionados com a escassez de recursos, incluindo a falta de água, o declínio das terras aráveis e a diminuição da biodiversidade. São essenciais soluções sustentáveis para garantir a utilização responsável dos recursos e evitar o esgotamento de ecossistemas críticos.

Impactos das alterações climáticas: Os efeitos das alterações climáticas, como os fenómenos meteorológicos extremos, a subida do nível do mar e a alteração dos padrões de precipitação, estão a tornar-se cada vez mais evidentes. São necessárias soluções sustentáveis para mitigar e adaptar-se a estas alterações, garantindo a resiliência face a um clima em mudança.

Degradação ambiental: As práticas industriais tradicionais e a extração insustentável de recursos têm contribuído para uma degradação ambiental generalizada. Os esforços para inverter ou atenuar estes impactos exigem abordagens sustentáveis que dêem prioridade à conservação, à recuperação e à utilização responsável dos recursos naturais.

Transição energética: A transição para fontes de energia sustentáveis e renováveis é fundamental para atenuar as alterações climáticas. Soluções eficientes na produção, armazenamento e consumo de energia são fundamentais para reduzir as emissões de gases com efeito de estufa e promover um panorama energético mais sustentável.

Desafios da gestão de resíduos: A produção crescente de resíduos, incluindo a poluição por plásticos e resíduos electrónicos, coloca desafios significativos. As soluções sustentáveis implicam a redução da produção de resíduos, a promoção da reciclagem e o desenvolvimento de métodos inovadores de tratamento e eliminação de resíduos.

Preocupações globais com a saúde: A degradação ambiental e as alterações climáticas contribuem para os riscos para a saúde, incluindo a propagação de doenças infecciosas e o impacto da poluição do ar e da água. As soluções sustentáveis são essenciais para salvaguardar a saúde pública e o bem-estar.

Imperativos económicos: A procura da sustentabilidade alinha-se com os imperativos económicos, uma vez que as empresas e as indústrias reconhecem os benefícios a longo prazo da eficiência dos recursos, da redução de resíduos e das práticas ambientais responsáveis. As soluções sustentáveis podem conduzir à redução de custos, à melhoria da reputação da empresa e à viabilidade a longo prazo.

Quadros políticos e regulamentares: Os governos e os organismos internacionais estão a reconhecer cada vez mais a necessidade de regulamentos e políticas ambientais rigorosos para resolver questões prementes. As soluções sustentáveis são essenciais para cumprir e ultrapassar estas normas, garantindo práticas responsáveis e éticas.

Sensibilização e ativismo do público: Existe uma crescente consciencialização global para as questões ambientais, alimentada por um maior acesso à informação e por uma maior consciência pública. Esta sensibilização conduziu a uma maior procura de práticas sustentáveis e éticas, incentivando as empresas, os governos e os indivíduos a adoptarem comportamentos mais responsáveis.

A urgência crescente de soluções sustentáveis e eficientes resulta dos desafios interligados do crescimento demográfico, da escassez de recursos, das alterações climáticas, da degradação ambiental e do imperativo de transição para um futuro mais sustentável e resiliente. A adaptação a estes desafios exige um pensamento inovador, esforços de colaboração e um empenho na implementação de soluções que equilibrem considerações económicas, sociais e ambientais.

Capítulo-2 Fundamentos da nanotecnologia

2.1 Compreender os nanomateriais e as suas propriedades únicas

Compreender os nanomateriais e as suas propriedades únicas é crucial para explorar as suas aplicações em vários domínios científicos e tecnológicos. Os nanomateriais são materiais com estruturas ou características que têm normalmente uma dimensão entre 1 e 100 nanómetros. A esta escala, os materiais apresentam propriedades distintas que diferem das que se encontram ao nível macroscópico ou a granel. Eis uma panorâmica dos principais aspectos relacionados com os nanomateriais e as suas propriedades únicas:

Propriedades dependentes do tamanho:

Efeitos quânticos: Os nanomateriais apresentam frequentemente efeitos quânticos devido à sua pequena dimensão, com impacto nas propriedades electrónicas, ópticas e magnéticas.

Aumento da área de superfície: A elevada relação área de superfície/volume dos nanomateriais aumenta a sua reatividade e torna-os adequados para aplicações em catálise e sensores.

Propriedades químicas:

Reatividade da superfície: Os nanomateriais têm uma maior reatividade superficial, o que influencia as suas interacções químicas e os torna adequados para a catálise e a modificação de superfícies.

Energia de superfície: A energia de superfície é mais pronunciada à nanoescala, influenciando a adesão, a humidade e outros fenómenos relacionados com a superfície.

Propriedades mecânicas:

Resistência e dureza: Os nanomateriais podem apresentar propriedades mecânicas excepcionais, incluindo maior resistência e dureza em comparação com os seus homólogos a granel.

Flexibilidade: Alguns nanomateriais, como os nanotubos e os nanofios, demonstram uma extraordinária flexibilidade e resistência à tração.

Propriedades ópticas:

Efeitos ópticos melhorados: Os nanomateriais podem apresentar efeitos ópticos únicos, como a ressonância plasmónica, conduzindo a propriedades melhoradas de absorção, dispersão e fluorescência.

Absorção sintonizável: O controlo do tamanho e da forma dos nanomateriais permite o ajuste das suas propriedades ópticas, possibilitando aplicações em sensores e imagiologia.

Propriedades eléctricas e magnéticas:

Condutância quântica: Os pontos quânticos e os nanofios podem apresentar uma condutância quantizada, o que influencia as suas propriedades eléctricas e os torna valiosos para a eletrónica.

Comportamento magnético: As nanopartículas podem exibir superparamagnetismo ou outros comportamentos magnéticos, importantes para aplicações em armazenamento de dados e imagiologia médica.

Propriedades térmicas:

Condutividade térmica melhorada: Os nanomateriais podem apresentar uma condutividade térmica melhorada, relevante para aplicações em dissipação de calor e dispositivos termoeléctricos.

Estabilidade térmica: A estabilidade térmica dos nanomateriais pode diferir dos materiais a granel, afectando o seu comportamento sob variações de temperatura.

Biocompatibilidade e bioatividade:

Interação com sistemas biológicos: Os nanomateriais podem interagir de forma única com os sistemas biológicos, influenciando a absorção celular, a biodistribuição e as potenciais aplicações na medicina.

Libertação de fármacos direccionada: O tamanho e as propriedades de superfície dos nanomateriais permitem a administração de medicamentos a células ou tecidos específicos.

Montagem e auto-organização:

Auto-montagem: Os nanomateriais podem auto-montar-se em estruturas ordenadas, permitindo a criação de novos materiais com propriedades personalizadas.

Fabrico de baixo para cima: As técnicas de fabrico "bottom-up" à escala nanométrica permitem a conceção e o controlo precisos de estruturas de nanomateriais.

A compreensão destas propriedades únicas permite aos investigadores e engenheiros aproveitarem o potencial dos nanomateriais para diversas aplicações, desde a eletrónica e o armazenamento de energia até à medicina e à remediação ambiental. No entanto, é crucial ter em conta os aspectos éticos, de segurança e regulamentares quando se trabalha com nanomateriais para garantir um desenvolvimento responsável e sustentável.

2.2 Processos à nanoescala e seu impacto na purificação da água

Os processos à nanoescala desempenham um papel significativo no avanço das tecnologias de purificação da água, oferecendo maior eficiência, seletividade e versatilidade na abordagem dos desafios da qualidade da água. Aqui está uma exploração dos processos à nanoescala e do seu impacto na purificação da água:

Nanofiltração e Osmose Inversa:

A nanofiltração (NF) e a osmose inversa (RO) são tecnologias avançadas baseadas em membranas, cruciais para o tratamento de água em vários sectores. As membranas de NF, com poros de 1 a 10 nanómetros, removem seletivamente iões divalentes e certas moléculas orgânicas. Este facto torna a NF particularmente eficaz para aplicações como o amaciamento da água e a remoção de contaminantes específicos, tais como matéria orgânica e micropoluentes. Funciona a pressões mais baixas do que a OR, o que contribui para a sua eficiência energética. Por outro lado, as membranas de OR, com poros de menor dimensão (tipicamente 0,1 a 1 nanómetro), apresentam uma elevada seletividade, removendo eficazmente iões dissolvidos, partículas e substâncias orgânicas. A OR tem uma aplicação generalizada na dessalinização, produzindo água doce a partir da água do mar, e é um ator-chave na produção de água potável de alta qualidade. Apesar de funcionar a pressões mais elevadas, a capacidade da OR para resolver a escassez de água e fornecer água ultrapura para processos industriais sublinha a sua importância. Além disso, o NF é frequentemente utilizado como uma etapa de pré-tratamento antes da OR para melhorar a eficiência global do sistema. Em suma, embora ambas as tecnologias utilizem membranas semipermeáveis para a purificação da água, a escolha entre a NF e a OR depende dos objectivos específicos do tratamento da água, das características dos contaminantes e das considerações energéticas, desempenhando cada uma delas um papel distinto na resolução dos diversos desafios do tratamento da água.

Adsorventes nanoestruturados:

Os adsorventes nanoestruturados representam um avanço significativo no domínio do tratamento da água, oferecendo materiais altamente eficientes e versáteis para a remoção de contaminantes de soluções aquosas. Estes materiais, normalmente compostos por estruturas ou partículas à escala nanométrica, possuem propriedades únicas que aumentam as suas capacidades de adsorção. A natureza nanoestruturada proporciona uma elevada área de superfície, permitindo uma maior interação com os poluentes visados. Vários tipos de adsorventes nanoestruturados, incluindo nanopartículas, nanotubos e nanocompósitos, têm sido explorados quanto à sua eficácia na resolução de problemas relacionados com a qualidade da água. Estes materiais podem ser adaptados para visar contaminantes específicos e as suas propriedades de superfície podem ser projectadas para aumentar a afinidade de adsorção. Os adsorventes nanoestruturados apresentam um potencial promissor na remoção de metais pesados, poluentes orgânicos e contaminantes emergentes de fontes de água. As capacidades de adsorção eficientes e as propriedades sintonizáveis tornam-nos componentes valiosos para o desenvolvimento de tecnologias avançadas de tratamento de água, contribuindo para a procura de soluções sustentáveis e eficazes para garantir o acesso a água limpa e segura. A exploração de adsorventes nanoestruturados representa uma fronteira crucial nos esforços actuais para combater a poluição da água e promover a gestão ambiental.

Fotocatálise:

A fotocatálise é um processo transformador que aproveita o poder da luz para conduzir reacções químicas, particularmente na degradação de poluentes orgânicos e na purificação da água e do ar. Na sua essência, a fotocatálise baseia-se em materiais semicondutores, frequentemente sob a forma de nanopartículas, que, quando expostos à luz, geram pares eletrão-buraco. Estes portadores de carga foto-induzidos entram então em reacções redox com as espécies circundantes, levando à decomposição dos poluentes em substâncias menos nocivas ou não tóxicas. O dióxido de titânio (TiO2) é um fotocatalisador amplamente estudado devido à sua estabilidade e eficiência sob luz ultravioleta. No entanto, a investigação em curso explora o desenvolvimento de fotocatalisadores sensíveis à luz visível para alargar o espetro de luz que pode ser utilizado. A fotocatálise é muito promissora para aplicações ambientais, oferecendo um método sustentável e eficiente em termos energéticos para a purificação da água e do ar. A sua capacidade para mineralizar compostos orgânicos e inativar agentes patogénicos torna-a um elemento-chave na procura de tecnologias avançadas e ecológicas para combater a poluição e melhorar a qualidade dos nossos recursos naturais. À medida que a investigação em fotocatálise continua, abre novas vias para o desenvolvimento de materiais e processos inovadores que contribuem para um ambiente mais limpo e saudável.

Membranas de nanocompósitos:

As membranas nanocompósitas representam um avanço de vanguarda na tecnologia das membranas, combinando os benefícios dos nanomateriais com as estruturas tradicionais das membranas para melhorar os processos de separação e filtração. Estas membranas são normalmente compostas por uma matriz polimérica reforçada com nanomateriais, tais como nanopartículas, nanotubos ou nanofibras. A integração de nanomateriais confere propriedades únicas às membranas, tais como maior resistência mecânica, melhor estabilidade química e térmica e maior seletividade.

Uma aplicação comum das membranas nanocompósitas é o tratamento de água, onde desempenham um papel crucial na dessalinização, no tratamento de águas residuais e na remoção de contaminantes. A incorporação de nanopartículas, como o óxido de grafeno ou os nanotubos de carbono, pode aumentar a permeabilidade e a capacidade de rejeição da membrana. Além disso, os nanomateriais podem introduzir funcionalidades como propriedades antibacterianas ou atividade fotocatalítica, expandindo ainda mais a utilidade da membrana.

O desenvolvimento de membranas nanocompósitas está em sintonia com a procura de tecnologias de separação mais eficientes e sustentáveis. As suas propriedades sintonizáveis e a sua versatilidade tornam-nas adequadas para uma série de aplicações, desde a purificação de água potável a processos industriais que exigem uma separação precisa de componentes. À medida que a investigação em tecnologia de membranas nanocompósitas progride, esta tem o potencial de revolucionar as separações baseadas em membranas, contribuindo para o avanço das tecnologias de água limpa e para a sustentabilidade ambiental.

Processos Nano-Electroquímicos:

Os processos nano-electroquímicos representam uma área de investigação excitante e em evolução que combina princípios da nanotecnologia e da eletroquímica para melhorar várias aplicações, desde o armazenamento de energia à deteção e à catálise. No centro destes processos está a utilização de nanomateriais, como nanopartículas, nanofios ou nanocompósitos, para melhorar a eficiência, a seletividade e o desempenho das reacções electroquímicas.

Uma aplicação proeminente dos processos nano-electroquímicos é nos sistemas de armazenamento de energia. Os nanomateriais, especialmente sob a forma de eléctrodos à escala nanométrica ou de estruturas nanocompósitas, contribuem para os avanços nas baterias e nos supercapacitores. A elevada área de superfície e as propriedades únicas dos nanomateriais aumentam a capacidade de armazenamento de carga, a condutividade eléctrica e a densidade energética global.

A catálise é outro domínio crítico em que os processos nano-electroquímicos desempenham um papel transformador. Os nanocatalisadores, frequentemente apoiados em eléctrodos nanoestruturados, facilitam as reacções electroquímicas com maior eficiência. Isto é particularmente significativo em células de combustível, electrolisadores e outros dispositivos electroquímicos em que a velocidade e a seletividade das reacções são cruciais.

Os sensores e biossensores beneficiam significativamente dos avanços nano-electroquímicos. Os nanomateriais constituem uma plataforma ideal para imobilizar elementos sensores, aumentando a sensibilidade e a seletividade dos sensores electroquímicos. Isto é aplicado em vários domínios, incluindo a monitorização ambiental, o diagnóstico de cuidados de saúde e a segurança alimentar.

Os processos electroquímicos de tratamento da água também tiram partido da nanotecnologia para uma remoção eficiente dos poluentes. Os nano-electrocatalisadores podem iniciar processos de oxidação avançados, conduzindo à degradação de contaminantes na água. Os eléctrodos nanoestruturados melhoram a remoção de poluentes através de métodos electroquímicos, contribuindo para soluções sustentáveis de tratamento da água.

A energia fotovoltaica é outro domínio em que os conceitos nano-electroquímicos são integrados para melhorar o desempenho das células solares. Os nanomateriais, como os pontos quânticos ou os nanofios, melhoram o transporte e a recolha de cargas, conduzindo a uma maior eficiência na conversão da luz solar em eletricidade.

A eletrónica flexível também beneficia das tecnologias nano-electroquímicas. Os nanomateriais permitem o fabrico de eléctrodos flexíveis e de dispositivos de armazenamento de energia, contribuindo para o desenvolvimento de dispositivos electrónicos que podem ser usados e dobrados.

As aplicações biomédicas, incluindo os sistemas de administração de medicamentos e as interfaces neurais, tiram partido dos processos nano-electroquímicos para obter respostas precisas e controladas. As propriedades únicas dos nanomateriais facilitam a administração de fármacos direccionados e aumentam a biocompatibilidade dos dispositivos.

Tecnologias de filtração em nano-escala:

As tecnologias de filtração à escala nanométrica estão na vanguarda dos processos de separação precisos e eficientes, utilizando nanomateriais e nanoestruturas para obter um desempenho de filtração superior. As membranas de nanofiltração, caracterizadas por poros de 1 a 10 nanómetros, separam seletivamente iões e moléculas com base no tamanho e na carga, encontrando aplicações no tratamento da água e na remoção de contaminantes. Os materiais nanoporosos, como os zeólitos e as estruturas metal-orgânicas, oferecem nanoporos ordenados para adsorção ou exclusão selectiva, aplicados na separação e purificação de gases. Os filtros de nanofibras, compostos por fibras de diâmetro nanométrico, são excelentes em sistemas de filtragem do ar, removendo eficazmente partículas e contaminantes transportados pelo ar. Os nanotubos de carbono, com a sua estrutura única, são utilizados para a separação de gases, enquanto os nanofiltros biológicos utilizam estruturas biológicas à escala nanométrica para aplicações como a purificação de proteínas. As membranas nanoestruturadas que incorporam materiais como o grafeno melhoram os processos de tratamento da água, e os nanofiltros antibacterianos são cruciais nos cuidados de saúde e no tratamento da água. Na indústria alimentar e das bebidas, a filtração à escala nanométrica separa e purifica componentes como as proteínas e os compostos aromáticos. Além disso, a filtragem à nanoescala responde aos desafios da separação óleo-água, contribuindo para os processos industriais e para a recuperação ambiental. Estas tecnologias demonstram a precisão e a versatilidade oferecidas pela filtração à escala nanométrica em diversos domínios, prometendo processos de separação mais eficientes e sustentáveis.

Nanosensores para a monitorização da qualidade da água:

Os nanosensores concebidos para a monitorização da qualidade da água representam uma tecnologia transformadora, que combina perfeitamente a nanotecnologia com o desenvolvimento de sensores para criar ferramentas altamente avançadas para uma avaliação precisa e em tempo real da composição da água. Utilizando nanomateriais como nanopartículas, nanotubos e nanofios como elementos de deteção, estes nanosensores apresentam uma sensibilidade e seletividade notáveis, permitindo a deteção de quantidades vestigiais de contaminantes na água. A sua elevada área de superfície e propriedades electrónicas únicas contribuem para respostas rápidas e precisas, tornando-os ideais para monitorização contínua e em tempo real. Um dos principais pontos fortes reside na sua capacidade de deteção multiparâmetro, permitindo a avaliação simultânea de vários parâmetros de qualidade da água, desde metais pesados a poluentes orgânicos. Além disso, a integração de nanosensores com tecnologias de comunicação sem fios facilita as aplicações de deteção remota, alargando o seu alcance a locais remotos ou de difícil acesso. Além disso, nas aplicações de biossensorização, os nanossensores podem ser adaptados para incorporar elementos de reconhecimento biológico, aumentando a especificidade na deteção de contaminantes específicos. Essencialmente, os nanosensores para a monitorização da qualidade da água estão na vanguarda das tecnologias de deteção ambiental, oferecendo capacidades sem precedentes para garantir a segurança da água e facilitar intervenções atempadas para um abastecimento de água sustentável e saudável.

Nano-bioremediação:

A nanobioremediação situa-se na intersecção da nanotecnologia e da bioremediação, oferecendo uma solução de vanguarda para os desafios da poluição ambiental. Esta abordagem inovadora aproveita as propriedades únicas dos nanomateriais, como as nanopartículas e os nanocompósitos, para melhorar a eficiência e a eficácia dos processos tradicionais de bioremediação. Estes transportadores de dimensão nanométrica servem de veículos para a entrega de agentes de remediação, incluindo microrganismos e nutrientes, em locais contaminados. A sua elevada área de superfície facilita melhores interacções entre os agentes de remediação e os poluentes, acelerando a degradação ou imobilização dos contaminantes no solo, na água e no ar. Uma das principais vantagens reside na maior mobilidade dos transportadores de dimensão nanométrica, permitindo-lhes alcançar e tratar áreas que podem ser inacessíveis utilizando métodos convencionais de bioremediação. Além disso, a capacidade de seleção selectiva das nanopartículas funcionalizadas permite uma abordagem de remediação personalizada e eficiente, que trata contaminantes específicos presentes no ambiente. A nano-biorremediação promete minimizar o impacto ambiental, ao mesmo tempo que oferece uma ferramenta potente para a recuperação de locais contaminados, mostrando o potencial para estratégias de remediação ambiental sustentáveis e avançadas.

Nanomateriais emergentes:

Os nanomateriais emergentes estão na vanguarda da inovação científica e tecnológica, dando início a uma nova era de materiais com propriedades extraordinárias e aplicações versáteis. O grafeno, uma camada única de átomos de carbono, tem atraído imensa atenção pela sua excecional resistência, flexibilidade e condutividade, enquanto derivados como o óxido de grafeno alargam a sua utilidade. Os materiais bidimensionais, incluindo os dicalcogenetos de metais de transição e o fósforo negro, introduzem características electrónicas e ópticas únicas, contribuindo para os avanços da eletrónica e da optoelectrónica. Os pontos quânticos, nanocristais semicondutores, oferecem propriedades ajustáveis em termos de tamanho que encontram aplicações em ecrãs, imagiologia e células solares. Os nanotubos e os nanofios de carbono, com as suas dimensões à escala nanométrica, contribuem para avanços na eletrónica, nos sensores e nos materiais avançados. As estruturas metal-orgânicas (MOF), estruturas porosas com propriedades sintonizáveis, respondem a desafios no armazenamento, separação e catálise de gases, com impacto em soluções energéticas e ambientais. A integração de nanomateriais em compósitos melhora as propriedades mecânicas, térmicas e eléctricas, promovendo inovações na ciência dos materiais. Esta paisagem dinâmica de nanomateriais emergentes não só expande a nossa compreensão das propriedades fundamentais à escala nanométrica, como também impulsiona uma miríade de possibilidades tecnológicas em diversas indústrias, da eletrónica aos cuidados de saúde e muito mais.

Os processos à nanoescala na purificação da água oferecem soluções inovadoras para enfrentar os complexos desafios associados à contaminação da água. À medida que os investigadores continuam a explorar e a aperfeiçoar estes processos, o potencial para criar tecnologias de tratamento da água sustentáveis, económicas e eficientes torna-se cada vez mais promissor. No entanto, é essencial ter em conta os potenciais impactos ambientais e na saúde dos nanomateriais e garantir a sua utilização responsável e ética em aplicações de purificação da água.

2.3 Panorâmica de vários nanomateriais, incluindo nanopartículas, nanotubos e nanocompósitos

Os nanomateriais englobam uma gama diversificada de materiais concebidos à escala nanométrica, normalmente entre 1 e 100 nanómetros. As suas propriedades únicas resultam do seu pequeno tamanho, da elevada relação área de superfície/volume e dos efeitos quânticos. Aqui está uma visão geral de vários nanomateriais, incluindo nanopartículas, nanotubos e nanocompósitos:

Nanopartículas:

As nanopartículas, definidas pelas suas dimensões na gama da nanoescala, englobam uma categoria de partículas que exibem propriedades e comportamentos únicos devido ao seu tamanho minúsculo. Os seus efeitos quânticos, consequência da sua pequena escala, distinguem-nas, influenciando as suas características gerais. Nomeadamente, as nanopartículas possuem uma área de superfície aumentada, uma caraterística que amplifica as suas interacções com o ambiente circundante. Esta área de superfície aumentada contribui para as suas propriedades ópticas e magnéticas dependentes do tamanho, resultando em comportamentos distintos dos materiais a granel. Em aplicações práticas, as nanopartículas demonstram a sua versatilidade. Na administração de medicamentos, servem como transportadores, facilitando a administração direccionada e a libertação controlada de medicamentos. As suas propriedades catalíticas são úteis em vários processos químicos, alargando o seu papel na catálise. Além disso, as nanopartículas desempenham um papel fundamental nos sensores devido à sua elevada sensibilidade a alterações no ambiente circundante. Esta natureza multidimensional das nanopartículas sublinha a sua importância em diversos domínios, desde a medicina à ciência dos materiais, aproveitando as suas propriedades únicas para os avanços tecnológicos.

Nanotubos:

Os nanotubos, caracterizados pelas suas estruturas cilíndricas com diâmetros à escala nanométrica, representam uma classe de nanomateriais que se distingue pelas suas propriedades únicas e aplicações diversas. A sua caraterística definidora é um elevado rácio de aspeto resultante do seu longo comprimento e pequeno diâmetro. Nomeadamente, os nanotubos de carbono, um subconjunto proeminente, apresentam propriedades mecânicas excepcionais, incluindo resistência e flexibilidade, o que os destaca na ciência dos materiais. Além disso, certos nanotubos, especialmente os de carbono, apresentam uma excelente condutividade eléctrica, o que contribui para a sua aplicação na nanoelectrónica. Neste campo, os nanotubos de carbono são utilizados em dispositivos electrónicos à escala nanométrica, demonstrando o seu potencial para tecnologias miniaturizadas. Além disso, os nanotubos desempenham um papel crucial no reforço de materiais compósitos, aumentando a sua resistência mecânica e durabilidade. Para além da ciência dos materiais, os nanotubos funcionalizados têm encontrado aplicação na administração de medicamentos, servindo como portadores para a libertação controlada e direccionada de produtos farmacêuticos. Esta gama diversificada de propriedades e aplicações realça a importância dos nanotubos em várias disciplinas, desde a eletrónica à engenharia biomédica, à medida que os investigadores continuam a explorar e a aproveitar as suas características únicas para avanços inovadores.

Nanocompósitos:

Os nanocompósitos, definidos como materiais compostos por uma matriz e um reforço à escala nanométrica, representam uma classe de materiais de engenharia com propriedades distintas e diversas aplicações. A inclusão de nanomateriais como reforços confere propriedades mecânicas melhoradas aos nanocompósitos, aumentando a sua resistência, rigidez e tenacidade. Uma das características notáveis é a sua funcionalidade personalizada; os nanocompósitos podem ser concebidos com precisão para aplicações específicas através da seleção de nanomateriais adequados. Além disso, estes materiais apresentam frequentemente uma condutividade térmica e eléctrica melhorada, o que os torna versáteis em várias indústrias. Na indústria automóvel e aeroespacial, os nanocompósitos desempenham um papel crucial na produção de componentes leves e resistentes, contribuindo para uma maior eficiência e desempenho do combustível. No sector das embalagens, os nanocompósitos encontram aplicação devido às suas propriedades de barreira melhoradas, prolongando o prazo de validade e preservando a qualidade dos produtos embalados. O domínio biomédico beneficia dos nanocompósitos adaptados para utilização em implantes, que apresentam propriedades mecânicas e biológicas melhoradas. A natureza multifacetada dos nanocompósitos, que engloba o aperfeiçoamento mecânico, a funcionalidade adaptada e a condutividade melhorada, posiciona-os como materiais essenciais para o avanço da tecnologia, da indústria e dos cuidados de saúde.

Materiais nanoporosos:

Os materiais nanoporosos, que se distinguem pelos seus poros à escala nanométrica, representam uma classe de materiais conhecida pelas suas propriedades únicas e aplicações versáteis. A caraterística que define estes materiais é a sua elevada área de superfície, facilitada pela presença de poros à escala nanométrica, tornando-os eficazes para a adsorção e a catálise. A permeabilidade selectiva das membranas nanoporosas permite a filtragem de moléculas com base no seu tamanho, constituindo uma ferramenta valiosa em vários processos de separação. É importante notar que a dimensão dos poros destes materiais é ajustável, permitindo a sua personalização para aplicações específicas. No domínio da separação de gases, os materiais nanoporosos são fundamentais, permitindo a passagem selectiva de determinados gases e bloqueando outros. A purificação da água beneficia da aplicação de membranas nanoporosas, filtrando eficazmente os contaminantes das fontes de água. Além disso, os catalisadores nanoporosos encontram aplicações na catalisação de várias reacções químicas devido às suas características estruturais únicas. A combinação de elevada área de superfície, permeabilidade selectiva e tamanho de poro ajustável torna os materiais nanoporosos indispensáveis em todas as indústrias, desde a remediação ambiental ao processamento químico.

Pontos Quânticos:

Os pontos quânticos, nanopartículas semicondutoras com propriedades electrónicas e ópticas distintas, constituem uma classe notável de nanomateriais com aplicações em vários domínios. Estas entidades à escala nanométrica apresentam uma emissão dependente do tamanho, emitindo luz em comprimentos de onda específicos determinados pelo seu tamanho. Em particular, os pontos quânticos possuem uma elevada fotoestabilidade, resistindo à fotodegradação, o que os torna particularmente adequados para aplicações de imagiologia. As propriedades dos pontos quânticos são sintonizáveis, permitindo um controlo preciso das suas características ópticas e electrónicas através da manipulação do seu tamanho. Na imagiologia biológica, os pontos quânticos funcionam como sondas fluorescentes, permitindo uma melhor visualização em aplicações biomédicas. Além disso, os pontos quânticos são úteis nas células solares, contribuindo para a absorção da luz e a conversão de energia. No domínio dos ecrãs e da iluminação, a sua incorporação melhora a reprodução de cores, tornando-os componentes valiosos em tecnologias avançadas. A combinação única de emissão dependente do tamanho, fotoestabilidade e propriedades sintonizáveis coloca os pontos quânticos na vanguarda da nanotecnologia, oferecendo soluções inovadoras nos domínios da medicina, energia e eletrónica.

Compreender as propriedades e as aplicações destes vários nanomateriais é essencial para aproveitar o seu potencial em diversos domínios, desde a medicina e a eletrónica até à energia e à remediação ambiental. Os investigadores continuam a explorar novos nanomateriais e as suas combinações para criar soluções inovadoras para os desafios tecnológicos actuais e futuros.

Capítulo 3: Aplicações da nanotecnologia no tratamento de águas residuais

3.1 Processos de adsorção à nanoescala para a remoção de contaminantes

Os processos de adsorção à escala nanométrica aproveitam as propriedades únicas dos nanomateriais para remover contaminantes de vários ambientes, incluindo a água e o ar. A adsorção envolve a ligação de contaminantes à superfície de um material sólido, conhecido como adsorvente. À nanoescala, os materiais apresentam uma área de superfície, reatividade e seletividade melhoradas, o que os torna eficazes para uma remoção orientada e eficiente de contaminantes. Aqui está uma visão geral dos processos de adsorção em nanoescala para a remoção de contaminantes:

Adsorventes nanoestruturados:

Os adsorventes nanoestruturados englobam uma gama diversificada de nanomateriais, incluindo nanopartículas de carbono ativado, grafeno, nanotubos de carbono, estruturas metal-orgânicas (MOF) e vários nanocompósitos, concebidos para melhorar as capacidades de adsorção. Uma das principais vantagens destes materiais reside na sua maior área de superfície por unidade de massa, proporcionando um maior número de locais activos para adsorção. Esta área de superfície aumentada melhora significativamente a eficiência da captura e retenção de contaminantes de diversos ambientes. Além disso, a química da superfície destes nanomateriais pode ser projectada com precisão, permitindo a adaptação de propriedades superficiais específicas para aumentar a afinidade por determinados contaminantes. Esta química de superfície personalizada garante um processo de adsorção mais seletivo e eficiente, tornando os adsorventes nanoestruturados ferramentas valiosas para enfrentar os desafios relacionados com a purificação da água, a recuperação ambiental e os processos industriais em que a remoção precisa de contaminantes é crucial. A utilização de nanomateriais em aplicações de adsorção realça o potencial de soluções inovadoras e eficientes para enfrentar os desafios ambientais e industriais actuais.

Mecanismos de adsorção:

Os mecanismos de adsorção que envolvem nanomateriais são essencialmente classificados em adsorção física e adsorção química, cada uma regida por interacções distintas entre a superfície do adsorvente e os contaminantes.

Adsorção física:

A adsorção física é caracterizada pela predominância das forças de Van der Waals na atração e retenção de contaminantes na superfície dos nanomateriais. Estas forças fracas e não covalentes resultam de flutuações na distribuição de electrões, induzindo dipolos temporários que resultam em forças de atração entre o nanomaterial e os contaminantes. A adsorção física é geralmente reversível e depende de factores como a temperatura e a pressão. A grande área de superfície dos nanomateriais aumenta a probabilidade de interacções de Van der Waals, tornando a adsorção física um mecanismo significativo nos processos de adsorção.

Adsorção química:

A adsorção química envolve interacções mais fortes entre a superfície do adsorvente e os contaminantes, frequentemente através de ligações químicas como a ligação de hidrogénio ou a ligação covalente. Ao contrário da adsorção física, a adsorção química é normalmente mais específica e pode levar à formação de ligações estáveis entre o nanomaterial e os contaminantes. Este tipo de adsorção é normalmente mais resistente a alterações de temperatura e pressão. A capacidade de projetar a química da superfície dos nanomateriais permite adaptar as propriedades químicas do adsorvente, aumentando a sua afinidade para contaminantes específicos e facilitando a adsorção química.

A compreensão destes mecanismos é crucial para a conceção de adsorventes eficazes baseados em nanomateriais, uma vez que a escolha entre adsorção física e química depende da seletividade, reversibilidade e estabilidade desejadas para o processo de adsorção. As propriedades únicas dos nanomateriais, incluindo a sua elevada área de superfície e a química de superfície sintonizável, oferecem oportunidades para otimizar os processos de adsorção para várias aplicações, como a purificação da água, a remediação ambiental e as separações industriais.

Aplicações:

As aplicações dos nanomateriais em processos de adsorção são diversas, com contribuições significativas para a purificação da água e do ar:

Purificação de água:

Remoção de metais pesados:

Os adsorventes à base de nanomateriais são altamente eficazes na remoção de metais pesados como o arsénio, o chumbo e o mercúrio da água. A área de superfície melhorada e a química de superfície adaptada dos nanomateriais contribuem para a sua elevada afinidade com iões de metais pesados.

Adsorção de poluentes orgânicos:

Os nanomateriais são excelentes na adsorção de poluentes orgânicos, incluindo pesticidas, corantes e produtos farmacêuticos. As propriedades versáteis dos nanomateriais tornam-nos adequados para capturar uma vasta gama de contaminantes orgânicos presentes nas fontes de água.

Tratamento de águas residuais industriais:

Os nanomateriais desempenham um papel vital no tratamento de águas residuais industriais, onde adsorvem e removem eficazmente vários poluentes gerados por processos industriais. Esta aplicação contribui para uma gestão sustentável e eficiente das águas residuais.

Purificação do ar:

Adsorção de Compostos Orgânicos Voláteis (COVs) e Gases Perigosos:

Os adsorventes à base de nanomateriais são utilizados para capturar compostos orgânicos voláteis (COV) e gases perigosos do ar. A elevada área de superfície e as propriedades de adsorção selectiva dos nanomateriais tornam-nos eficazes na melhoria da qualidade do ar interior e exterior.

Remoção de partículas e nanopartículas:

Os nanomateriais são utilizados para remover partículas e nanopartículas do ar. As suas propriedades aperfeiçoadas permitem uma filtragem eficiente, contribuindo para a redução das partículas transportadas pelo ar que podem representar riscos para a saúde e para o ambiente.

Filtragem em sistemas de purificação do ar interior:

Os sistemas de purificação do ar interior incorporam filtros à base de nanomateriais para uma remoção eficiente e selectiva de contaminantes. Estes sistemas melhoram a qualidade do ar interior, respondendo às preocupações relacionadas com poluentes e alergénios.

As aplicações na purificação da água e do ar demonstram a versatilidade e a eficácia dos nanomateriais na resposta aos desafios ambientais. Tirando partido das suas propriedades únicas, os nanomateriais contribuem para o desenvolvimento de soluções avançadas e sustentáveis para garantir recursos hídricos e atmosféricos limpos e seguros.

Porosidade em nanoescala:

A porosidade à nanoescala é uma caraterística que define os adsorventes nanoestruturados, contribuindo para as suas capacidades de adsorção melhoradas através da presença de estruturas porosas à nanoescala. Esta porosidade proporciona sítios de adsorção adicionais, aumentando a eficiência da captura e retenção de contaminantes. Dois tipos distintos de poros, mesoporos e microporos, desempenham um papel crucial na modelação das propriedades de adsorção destes materiais.

Estruturas porosas:

Os adsorventes nanoestruturados são caracterizados por uma porosidade intrínseca, que se manifesta sob a forma de poros interligados na estrutura do nanomaterial. Esta porosidade intrínseca contribui para uma maior área de superfície por unidade de massa, criando uma abundância de locais activos para adsorção. A rede porosa interligada facilita a rápida difusão dos contaminantes no nanomaterial, aumentando a capacidade global de adsorção.

Mesoporos e Microporos:

Mesoporos: São poros com diâmetros que variam normalmente entre 2 e 50 nanómetros. Os adsorventes nanoestruturados podem ser adaptados para terem mesoporos, proporcionando uma gama intermédia de tamanhos de poros. A presença de mesoporos aumenta a acessibilidade dos locais de adsorção e facilita a remoção eficiente dos contaminantes.

Microporos: Caracterizados por diâmetros inferiores a 2 nanómetros, os microporos oferecem uma adsorção selectiva com base no tamanho molecular. Ao adaptar os materiais para terem microporos de dimensões específicas, os adsorventes nanoestruturados podem apresentar uma elevada seletividade na captura de contaminantes, especialmente os de dimensões mais pequenas.

A combinação de mesoporos e microporos em adsorventes nanoestruturados permite um processo de adsorção versátil e seletivo. A adaptação de materiais com poros de dimensões específicas permite a personalização de adsorventes para aplicações específicas, abordando a remoção de contaminantes de dimensões e propriedades variáveis. O controlo intrincado da porosidade à escala nanométrica representa um aspeto fundamental da conceção de adsorventes nanoestruturados eficientes e selectivos para aplicações na purificação da água, na remediação ambiental e em processos industriais.

Resinas de permuta iónica à nanoescala:

As resinas de permuta iónica à escala nanométrica representam uma forma especializada de materiais de permuta iónica, apresentando esferas de resina nanométricas com iões permutáveis. Esta adaptação única à nanoescala aumenta a eficiência e a seletividade dos processos de permuta iónica. As principais características das resinas de permuta iónica à nanoescala incluem:

Materiais:

As resinas de permuta iónica à escala nanométrica são compostas por minúsculas esferas de resina, normalmente à escala nanométrica. Estas esferas de resina são concebidas para terem uma área de superfície elevada, facilitando um maior contacto com os iões circundantes e promovendo reacções de permuta iónica eficientes. As dimensões à escala nanométrica melhoram o desempenho global e a reatividade dos materiais de permuta iónica.

Remoção selectiva:

As resinas de permuta iónica, mesmo à escala nanométrica, apresentam a capacidade de remover seletivamente iões de uma solução com base na sua afinidade para iões permutáveis específicos dentro dos grânulos de resina. Esta seletividade resulta das interacções específicas entre os iões permutáveis na superfície da resina e os iões-alvo na solução. A arquitetura em nanoescala aperfeiçoa ainda mais esta seletividade, permitindo uma remoção de iões precisa e adaptada.

As resinas de permuta iónica à escala nanométrica encontram aplicações em vários domínios, incluindo o tratamento de águas, o processamento químico e a química analítica. A sua área de superfície melhorada e as capacidades de remoção selectiva de iões tornam-nas valiosas em cenários em que o controlo preciso das concentrações de iões é crucial. A adaptabilidade destes nanomateriais assegura processos eficientes de permuta iónica, contribuindo para o desenvolvimento de tecnologias avançadas para diversas aplicações.

Modificação da superfície:

A modificação da superfície desempenha um papel fundamental na adaptação das propriedades dos nanomateriais e engloba várias técnicas, sendo a funcionalização um aspeto fundamental. A funcionalização envolve a introdução de grupos químicos específicos na superfície dos nanomateriais, conferindo-lhes funcionalidades reforçadas e melhorando a sua seletividade de adsorção. Este processo permite um controlo preciso da química da superfície dos nanomateriais, tornando-os mais eficazes em aplicações específicas.

Funcionalização:

Os nanomateriais podem ser funcionalizados através da ligação de grupos funcionais como o hidroxilo (-OH), o amino (-NH2), o carboxilo (-COOH) ou outras porções específicas. Estes grupos funcionais podem alterar a afinidade dos nanomateriais por determinados contaminantes ou melhorar as suas interacções com moléculas alvo. A funcionalização é uma estratégia versátil que permite aos investigadores personalizar os nanomateriais para aplicações de adsorção específicas.

Modificações químicas:

As modificações químicas envolvem a alteração da composição química da superfície do nanomaterial através de ligações covalentes ou não covalentes. Através da introdução de grupos químicos específicos, a química da superfície dos nanomateriais é modificada, influenciando o seu comportamento de adsorção. Esta abordagem é particularmente valiosa na adaptação de nanomateriais para a adsorção específica de contaminantes com base nas suas propriedades químicas.

A modificação da superfície através da funcionalização e de modificações químicas é amplamente utilizada em vários domínios, incluindo as ciências ambientais, a medicina e a engenharia de materiais. Nas aplicações ambientais, por exemplo, os nanomateriais funcionalizados podem ser concebidos para adsorver seletivamente poluentes específicos, aumentando a eficiência e a especificidade dos processos de purificação da água ou de filtragem do ar. Na medicina, os nanomateriais modificados à superfície podem ser concebidos para a administração de medicamentos específicos, tirando partido das suas propriedades de superfície adaptadas para interagir com entidades biológicas específicas. Em geral, as estratégias de modificação da superfície contribuem para a versatilidade e eficácia dos nanomateriais em diversas aplicações.7. Processos dinâmicos de adsorção:

Sistemas de Leito Fluidizado: Os nanomateriais em leitos fluidizados facilitam a adsorção contínua e eficiente.

Adsorção em leito fixo: Colunas de adsorção com nanomateriais permitem a remoção controlada e em escala de contaminantes.

Regeneração e reutilização:

A regeneração e a reutilização são aspectos críticos dos processos de adsorção sustentáveis que envolvem nanomateriais. A capacidade de restaurar a capacidade de adsorção dos nanomateriais permite a sua utilização repetida em ciclos múltiplos, reduzindo o impacto ambiental global e contribuindo para a eficiência dos recursos. As duas principais técnicas para conseguir a regeneração são os métodos de dessorção e a ênfase na sustentabilidade.

Técnicas de dessorção:

Dessorção térmica: Este método envolve a aplicação de calor aos nanomateriais, provocando a dessorção dos contaminantes adsorvidos. A dessorção térmica é eficaz para contaminantes voláteis e permite a recuperação da capacidade de adsorção dos nanomateriais.

Dessorção química: A dessorção pode ser conseguida através de meios químicos, em que são utilizados solventes ou reagentes específicos para libertar contaminantes adsorvidos da superfície do nanomaterial. Este método é frequentemente seletivo e pode visar contaminantes específicos.

Dessorção por pressão: A alteração das condições de pressão, como a redução da pressão, pode facilitar a libertação das espécies adsorvidas. Este método é particularmente aplicável em processos de adsorção em fase gasosa.

Sustentabilidade:

A capacidade de regenerar e reutilizar nanomateriais alinha-se com os princípios da sustentabilidade, minimizando o consumo de recursos e a produção de resíduos.

A possibilidade de reutilização reduz a necessidade de substituição frequente dos adsorventes, conduzindo a uma utilização mais eficiente e económica dos nanomateriais nos processos de adsorção.

As práticas sustentáveis na regeneração de nanomateriais contribuem para a pegada ambiental global das tecnologias de adsorção.

A incorporação de considerações de regeneração e reutilização na conceção de sistemas de adsorção baseados em nanomateriais sublinha a importância do desenvolvimento de soluções amigas do ambiente e economicamente viáveis para a purificação da água, o tratamento do ar e outras aplicações. Estas práticas alinham-se com os objectivos mais amplos da sustentabilidade, assegurando que a nanotecnologia contribui positivamente para a gestão ambiental.

Desafios e considerações:

A aplicação generalizada de processos de adsorção à escala nanométrica, embora promissora, é acompanhada de vários desafios e considerações que merecem uma atenção cuidada:

Toxicidade potencial:

Alguns nanomateriais, nomeadamente os que apresentam propriedades inovadoras à escala nanométrica, podem representar riscos ambientais e para a saúde. A potencial libertação de nanopartículas nos ecossistemas durante e após a sua utilização exige uma avaliação exaustiva da sua toxicidade para garantir a segurança da saúde humana e do ambiente.

Escalabilidade:

A escalabilidade dos processos de adsorção à escala nanométrica para aplicações em grande escala continua a ser um desafio. A transição de experiências à escala laboratorial para processos reais à escala industrial exige uma compreensão abrangente dos desafios práticos, da viabilidade económica e dos impactos ambientais associados ao aumento de escala das tecnologias de adsorção baseadas em nanomateriais.

Adsorção competitiva:

Em matrizes ambientais complexas, a presença de múltiplos contaminantes pode levar a uma adsorção competitiva, em que diferentes contaminantes competem por sítios de adsorção na superfície do nanomaterial. A compreensão e a atenuação dos efeitos da adsorção competitiva são cruciais para garantir uma remoção eficaz e selectiva dos contaminantes visados.

Para enfrentar estes desafios, é necessária uma colaboração interdisciplinar entre cientistas, engenheiros e organismos reguladores, a fim de desenvolver tecnologias de adsorção seguras, eficientes e expansíveis baseadas em nanomateriais. Avaliações de risco sólidas, estudos de toxicidade exaustivos e monitorização contínua de potenciais impactos ambientais são componentes essenciais de um desenvolvimento responsável das nanotecnologias. À medida que o domínio progride, a abordagem destes desafios contribuirá para a implementação responsável e sustentável de processos de adsorção à escala nanométrica em várias aplicações.

Os processos de adsorção à escala nanométrica constituem uma via promissora para a remoção eficaz e direccionada de contaminantes, com aplicações que vão desde a purificação da água e do ar até ao tratamento de resíduos industriais. A investigação contínua tem como objetivo otimizar a conceção de nanomateriais, compreender o seu impacto ambiental e integrá los em sistemas práticos e escaláveis para uma atenuação eficaz dos contaminantes.

3.2 Tecnologias de filtragem e separação nanométricas

As tecnologias de filtração e separação nanométricas tiram partido das propriedades únicas dos nanomateriais para melhorar a eficiência, a seletividade e a sustentabilidade dos processos de filtração e separação. Estas tecnologias exploram fenómenos à escala nanométrica, como a exclusão de tamanhos, as interacções superficiais e a peneiração molecular, para obter um melhor desempenho em comparação com os métodos convencionais. Aqui está uma visão geral das tecnologias de filtração e separação activadas por nano:

1. Nanofiltração e Ultrafiltração:

Materiais de membrana: As membranas baseadas em nanomateriais, como os nanotubos de carbono, o óxido de grafeno e os nanocompósitos poliméricos, oferecem um melhor desempenho em aplicações de nanofiltração e ultrafiltração.

Permeabilidade selectiva: As membranas de nanomateriais podem rejeitar seletivamente contaminantes com base no tamanho, carga e interacções de superfície, permitindo uma separação precisa de partículas e solutos.

Taxas de fluxo melhoradas: As membranas nanoestruturadas apresentam taxas de fluxo de água mais elevadas, mantendo uma excelente eficiência de separação, reduzindo o consumo de energia e os custos de funcionamento.

2. Poros de membranas nanoestruturadas:

Controlo preciso: A nanotecnologia permite um controlo preciso do tamanho e da distribuição dos poros nas membranas, permitindo propriedades de filtração personalizadas.

Membranas nanoporosas: As membranas com poros à escala nanométrica melhoram a separação de solutos, iões e nanopartículas, proporcionando um desempenho de purificação superior.

3. Osmose inversa (RO) e Osmose direta (FO):

Membranas de nanocompósitos: Os nanomateriais, como zeólitos, estruturas metal-orgânicas (MOFs) e hidróxidos duplos em camadas (LDHs), são incorporados nas membranas RO e FO para melhorar a eficiência da separação e a resistência à incrustação.

Permeabilidade à água melhorada: As membranas nanométricas apresentam uma maior permeabilidade à água, mantendo elevadas taxas de rejeição de sais, contaminantes e agentes patogénicos, aumentando a eficiência dos processos de dessalinização e purificação da água.

4. Filtragem de nanopartículas:

Exclusão de tamanho: As membranas nanoporosas removem seletivamente nanopartículas e partículas coloidais de fluxos de água e águas residuais com base nos princípios de exclusão de tamanho.

Funcionalização da superfície: As nanopartículas funcionalizadas melhoram o desempenho da membrana, promovendo a captura de partículas, reduzindo a incrustação e melhorando as propriedades anti-incrustantes.

5. Nanofibras electrospun:

Área de superfície elevada: As nanofibras electrospun possuem uma elevada relação área de superfície/volume, fornecendo sítios activos abundantes para adsorção e filtração.

Estrutura de poros ajustável: A morfologia e a porosidade das nanofibras podem ser controladas para obter propriedades de filtragem específicas, permitindo a remoção eficiente de contaminantes e agentes patogénicos da água e do ar.

6. Filtração nanocatalítica:

Nanomateriais catalíticos: Os nanocatalisadores incorporados nos meios de filtração facilitam a remoção e a degradação simultâneas de contaminantes, oferecendo capacidades de tratamento avançadas para poluentes orgânicos, agentes patogénicos e contaminantes emergentes.

Oxidação fotocatalítica: Os fotocatalisadores baseados em nanomateriais promovem a degradação de poluentes orgânicos através de reacções de oxidação fotocatalítica, aumentando a eficiência dos processos de tratamento de água.

7. Superfícies anti-incrustantes e autolimpantes:

Modificação da superfície: Os revestimentos de nanomateriais e as modificações de superfície conferem propriedades anti-incrustantes e de auto-limpeza às membranas de filtração, reduzindo os problemas de incrustação, bioincrustação e incrustação.

Nanomateriais hidrofílicos e hidrofóbicos: Os revestimentos hidrofílicos aumentam a permeabilidade à água e a resistência à incrustação, enquanto os revestimentos hidrofóbicos repelem os contaminantes e facilitam a auto-limpeza das superfícies das membranas.

8. Aplicações ambientais e industriais:

Tratamento de água: As tecnologias de filtragem e separação nanométricas são aplicadas na purificação de água potável, no tratamento de águas residuais e na reciclagem de água de processos industriais, respondendo a diversos desafios de qualidade da água.

Filtragem do ar: Os filtros à base de nanomateriais são utilizados em sistemas de purificação do ar para remover partículas, poluentes e agentes patogénicos transportados pelo ar, melhorando a qualidade do ar interior e reduzindo os riscos para a saúde.

9. Sustentabilidade e eficiência energética:

Conservação de recursos: Os processos de filtragem com nanotecnologia minimizam o consumo de água e energia, reduzem a utilização de produtos químicos e aumentam a eficiência dos recursos nas operações de tratamento e dessalinização de água.

Nanotecnologia verde: Os métodos de síntese de nanomateriais sustentáveis e os processos de fabrico amigos do ambiente promovem o desenvolvimento de tecnologias de filtragem e separação amigas do ambiente.

As tecnologias de filtração e separação nanométricas têm um enorme potencial para enfrentar os desafios globais da escassez de água, da poluição e da sustentabilidade dos recursos. A investigação e a inovação contínuas na conceção de nanomateriais, no fabrico de membranas e na integração de sistemas contribuirão para aumentar a eficiência, a acessibilidade económica e a capacidade de expansão destas tecnologias para uma implantação e um impacto generalizados.

3.3 Degradação catalítica de poluentes utilizando nanocatalisadores

A degradação catalítica de poluentes utilizando nanocatalisadores é uma abordagem inovadora que tira partido das propriedades únicas dos nanomateriais para aumentar a eficiência da remoção de poluentes. Os nanocatalisadores, que são normalmente materiais à escala nanométrica com propriedades catalíticas, oferecem vantagens como uma área de superfície elevada, uma reatividade melhorada e a capacidade de catalisar reacções químicas específicas. Aqui está uma visão geral do processo de degradação catalítica utilizando nanocatalisadores para a remoção de poluentes:

1. Tipos de nanocatalisadores:

Nanopartículas metálicas: Metais como o paládio, a platina, o ouro e as nanopartículas de prata apresentam propriedades catalíticas e são eficazes em várias reacções.

Óxidos metálicos: Os nanocatalisadores à base de óxidos metálicos, como o dióxido de titânio (TiO_2), o óxido de zinco (ZnO) e o óxido de ferro (Fe_2O_3), são normalmente utilizados na fotocatálise.

Nanomateriais à base de carbono: Os nanotubos de carbono, o grafeno e as nanofibras de carbono podem ser funcionalizados para aplicações catalíticas.

Estruturas metal-orgânicas (MOFs): As MOFs oferecem uma plataforma versátil para incorporar sítios catalíticos e aumentar a reatividade.

2. Processos catalíticos:

Fotocatálise: Os nanocatalisadores, especialmente os óxidos metálicos, podem aproveitar a energia da luz (UV ou luz visível) para catalisar reacções químicas, levando à degradação de poluentes. As reacções comuns incluem a geração de espécies reactivas de oxigénio (ROS) que oxidam e decompõem os poluentes.

Catálise heterogénea: Os nanocatalisadores podem ser imobilizados num material de suporte e utilizados em catálise heterogénea, em que o catalisador facilita as reacções químicas na interface sólido-líquido ou sólido-gás. Isto é aplicável em várias reacções de degradação.

Reacções redox: Os nanocatalisadores podem participar em reacções redox, nas quais facilitam a transferência de electrões, conduzindo à decomposição de poluentes.

3. Poluentes visados:

Poluentes orgânicos: Os nanocatalisadores são eficazes na degradação de uma vasta gama de poluentes orgânicos, incluindo corantes, pesticidas, produtos farmacêuticos e químicos industriais.

Metais pesados: Certos nanocatalisadores podem facilitar a redução ou oxidação de metais pesados, convertendo-os em formas menos tóxicas ou precipitando-os para remoção.

4. Aplicações:

Tratamento de águas: Os nanocatalisadores encontram aplicações no tratamento de águas residuais e de fontes de água contaminada. Podem ser utilizados em processos de oxidação avançados (AOP) para a remoção de poluentes.

Purificação do ar: Os nanomateriais catalíticos são utilizados em sistemas de purificação do ar para degradar os compostos orgânicos voláteis (COV) e outros poluentes.

Remediação do solo: Os nanocatalisadores podem ser aplicados para facilitar a degradação de contaminantes no solo, contribuindo para os esforços de recuperação do solo.

5. Factores que influenciam a degradação catalítica:

Composição do catalisador: O tipo de nanocatalisador utilizado influencia a sua atividade catalítica. Diferentes nanomateriais têm propriedades catalíticas específicas.

Área de superfície: A elevada área de superfície dos nanocatalisadores melhora o seu contacto com os poluentes, aumentando a eficiência das reacções catalíticas.

Reatividade da superfície: Os grupos funcionais na superfície do nanocatalisador podem aumentar a reatividade e a seletividade na degradação de poluentes.

Condições de reação: Parâmetros como a temperatura, a pressão e o pH podem afetar o processo de degradação catalítica.

6. Desafios e considerações:

Estabilidade dos nanocatalisadores: Garantir a estabilidade e a reciclabilidade dos nanocatalisadores é crucial para aplicações sustentáveis.

Preocupações com a toxicidade: Alguns nanomateriais podem suscitar preocupações em termos de toxicidade e o seu potencial impacto ambiental deve ser cuidadosamente avaliado.

Desafios do aumento de escala: A transição de estudos à escala laboratorial para aplicações em grande escala pode apresentar desafios que têm de ser resolvidos para uma implementação prática.

7. Avanços recentes:

Conceção de nanocatalisadores: Os avanços na conceção de nanocatalisadores, incluindo a síntese controlada e a modificação da superfície, melhoram a sua atividade catalítica e estabilidade.

Nanomateriais fotocatalíticos: A investigação em curso centra-se no desenvolvimento de novos nanomateriais fotocatalíticos para melhorar a degradação de poluentes por ação solar.

Imobilização de catalisadores: Estão a ser exploradas estratégias para imobilizar nanocatalisadores em materiais de suporte para melhorar a sua reutilização e facilidade de separação.

A degradação catalítica utilizando nanocatalisadores representa uma via promissora para enfrentar os desafios da poluição ambiental. À medida que a investigação prossegue, a otimização das propriedades dos nanocatalisadores e a sua integração em sistemas práticos de tratamento contribuirão para o desenvolvimento de tecnologias eficientes e sustentáveis de remoção de poluentes.

3.4 Monitorização e deteção de contaminantes através de nanosensores

A monitorização e deteção de contaminantes através de nanosensores envolve a utilização da nanotecnologia para desenvolver plataformas de deteção altamente sensíveis, selectivas e em tempo real. Os nanosensores aproveitam as propriedades únicas dos nanomateriais para aumentar a sensibilidade e a especificidade, tornando-os ferramentas valiosas na monitorização ambiental, nos cuidados de saúde e em várias indústrias. Eis uma panorâmica dos principais aspectos da monitorização e deteção de contaminantes com nanosensores:

Nanomateriais em nanosensores:

Nanopartículas: As nanopartículas metálicas, os pontos quânticos e as nanopartículas magnéticas são normalmente utilizadas em aplicações de deteção devido às suas propriedades ópticas, magnéticas e electrónicas únicas.

Nanofios e nanotubos: Os nanofios semicondutores e os nanotubos de carbono apresentam uma elevada relação superfície/volume, o que os torna adequados para a deteção de várias substâncias a analisar.

Nanocompósitos: Podem ser concebidas combinações de diferentes nanomateriais para melhorar o desempenho e a especificidade dos sensores.

Mecanismos de deteção:

Deteção ótica: Os nanossensores exploram frequentemente as alterações nas propriedades ópticas dos nanomateriais após a interação com os contaminantes. A ressonância plasmónica de superfície, a fluorescência e as alterações colorimétricas são mecanismos comuns de deteção ótica.

Deteção eletroquímica: As alterações nas propriedades eléctricas dos nanomateriais, como a condutividade ou a impedância, são utilizadas para a deteção eletroquímica. Os nanomateriais à base de carbono são frequentemente utilizados em sensores electroquímicos.

Deteção Piezoeléctrica: Os cristais piezoeléctricos revestidos com nanomateriais podem detetar alterações de massa após a ligação de contaminantes, permitindo uma deteção sensível baseada na massa.

Transístores de efeito de campo (FETs): Os FET à nanoescala podem detetar alterações na condutância ou capacitância causadas pela ligação de contaminantes, proporcionando uma abordagem de deteção sem rótulos.

Aplicações:

Monitorização ambiental: Os nanosensores podem detetar poluentes no ar, na água e no solo, incluindo metais pesados, pesticidas e produtos químicos industriais.

Cuidados de saúde: Os nanossensores têm aplicações no diagnóstico médico para a deteção de biomarcadores associados a doenças ou infecções.

Segurança alimentar: Os nanosensores podem ser utilizados para monitorizar a qualidade dos alimentos, detectando contaminantes, agentes patogénicos ou indicadores de deterioração.

Processos industriais: Os nanossensores desempenham um papel na monitorização de processos industriais através da deteção de gases, produtos químicos ou subprodutos.

Vantagens dos nanosensores:

Alta sensibilidade: Os nanosensores podem detetar baixas concentrações de contaminantes, o que os torna adequados para a deteção precoce.

Seletividade: A funcionalização de nanomateriais permite o reconhecimento específico de contaminantes alvo, reduzindo os falsos positivos.

Miniaturização: Os nanosensores são frequentemente compactos e podem ser integrados em dispositivos portáteis para monitorização no local e no terreno.

Monitorização em tempo real: A resposta rápida e as capacidades de monitorização em tempo real dos nanosensores permitem a tomada de decisões em tempo útil.

Desafios e considerações:

Normalização: A falta de protocolos normalizados para o desenvolvimento e teste de nanosensores coloca desafios à comparação e validação dos resultados.

Biocompatibilidade e toxicidade: Alguns nanomateriais podem colocar problemas de biocompatibilidade ou toxicidade, especialmente em aplicações biomédicas.

Estabilidade a longo prazo: Garantir a estabilidade a longo prazo e a fiabilidade dos nanosensores é fundamental para aplicações de monitorização contínua.

Tendências emergentes:

Integração da Internet das Coisas (IoT): Os nanossensores estão cada vez mais integrados em plataformas IoT, permitindo a transmissão de dados em tempo real e a monitorização remota.

Materiais inteligentes: Os avanços nos materiais inteligentes, como os polímeros reactivos e os híbridos de nanomateriais, melhoram a funcionalidade e a capacidade de resposta dos nanosensores.

Deteção multiplexada: Desenvolvimento de nanosensores capazes de detetar vários contaminantes simultaneamente, permitindo uma monitorização ambiental abrangente.

Exemplos de aplicações de nanosensores:

Monitorização da qualidade da água: Os nanosensores podem detetar poluentes como metais pesados, pesticidas e agentes patogénicos nas fontes de água.

Monitorização da poluição atmosférica: Os nanosensores permitem a deteção em tempo real de poluentes atmosféricos, contribuindo para a gestão da qualidade do ar urbano.

Biossensores para os cuidados de saúde: Os nanossensores em aplicações de biossensores podem detetar biomarcadores específicos associados a doenças como o cancro ou a diabetes.

Os nanosensores desempenham um papel fundamental no avanço das capacidades de monitorização e deteção em vários domínios. A investigação em curso centra-se na resolução de desafios, no alargamento da gama de contaminantes detectáveis e no aumento da praticabilidade das aplicações dos nanossensores para uma utilização generalizada.

Capítulo 4: Desafios e riscos

4.1 Abordagem das preocupações relacionadas com a utilização de nanomateriais no tratamento de águas residuais

A abordagem das preocupações relacionadas com a utilização de nanomateriais no tratamento de águas residuais é crucial para garantir a utilização segura e responsável destas tecnologias. Apresentamos de seguida estratégias para abordar as principais preocupações associadas à utilização de nanomateriais no tratamento de águas residuais:

Toxicidade e impacto ambiental:

Para responder às preocupações relacionadas com a toxicidade e o impacto ambiental, é crucial uma abordagem dupla que envolva uma investigação aprofundada e uma avaliação dos riscos. Devem ser desenvolvidos esforços de investigação exaustivos para desvendar o destino ambiental e a dinâmica de transporte dos nanomateriais. Tal implica estudar o modo como estes materiais interagem com os ecossistemas, compreender as suas vias no ambiente e avaliar a potencial acumulação em vários compartimentos ecológicos. São igualmente essenciais avaliações de risco rigorosas para determinar a toxicidade dos nanomateriais em diversas condições ambientais. Isto implica a avaliação dos potenciais efeitos adversos nos organismos vivos, nos ecossistemas e na saúde humana. Paralelamente à avaliação dos riscos, uma estratégia proactiva implica concentrar-se no desenvolvimento de nanomateriais biodegradáveis. A conceção de nanomateriais com biodegradabilidade inerente responde às preocupações sobre a persistência ambiental a longo prazo. Esta abordagem envolve a investigação do desenvolvimento de nanomateriais programados para se degradarem em subprodutos não tóxicos, minimizando o seu impacto nos ecossistemas ao longo do tempo. Combinando a investigação, a avaliação de riscos e a ênfase na biodegradabilidade, o objetivo é fazer avançar a utilização responsável dos nanomateriais, garantindo que a sua aplicação se alinha com os objectivos de sustentabilidade e a gestão ambiental.

Saúde humana e segurança no trabalho:

A proteção da saúde humana e a garantia da segurança no trabalho são considerações primordiais na utilização de nanomateriais, particularmente em ambientes industriais. É imperativa uma abordagem multifacetada das medidas de proteção, começando pela implementação de protocolos de segurança rigorosos que obrigam à utilização de equipamento de proteção individual (EPI) para os trabalhadores que manuseiam nanomateriais. A formação abrangente do pessoal desempenha um papel fundamental, transmitindo conhecimentos sobre os procedimentos correctos de manuseamento, armazenamento e eliminação para aumentar a sensibilização e promover um ambiente de trabalho seguro. Para além destas medidas, a exploração de técnicas de encapsulamento torna-se crucial para evitar a libertação de nanopartículas para o ar durante os processos de tratamento. O encapsulamento actua como uma barreira protetora, contendo o nanomaterial e atenuando o risco de exposição no ar. Além disso, a conceção de nanomateriais com revestimentos melhorados reforça ainda mais a sua estabilidade, reduzindo a probabilidade de libertação no ar e contribuindo para a segurança global. Esta abordagem abrangente sublinha o compromisso de dar prioridade ao bem-estar do pessoal e destaca a importância de práticas responsáveis na aplicação de nanomateriais.

Considerações regulamentares e éticas:

Navegar no panorama das aplicações de nanomateriais no tratamento de águas residuais requer uma abordagem consciensiosa às considerações regulamentares e éticas. Um aspeto fundamental envolve esforços de colaboração com organismos reguladores para estabelecer directrizes padronizadas para a utilização responsável de nanomateriais em processos de tratamento de águas residuais. A colaboração e o diálogo contínuos com estas agências são essenciais para adaptar os regulamentos à medida que a tecnologia avança e surgem novos conhecimentos. Reconhecendo a importância da inclusão, o envolvimento das partes interessadas torna-se crucial. Isto inclui o envolvimento do público e de outras partes interessadas nos processos de tomada de decisão relacionados com as aplicações dos nanomateriais. Uma comunicação transparente sobre os benefícios, riscos e salvaguardas associados aos nanomateriais promove a compreensão e a confiança. As considerações éticas são primordiais e, ao envolver ativamente os organismos reguladores e as partes interessadas, o objetivo é criar um quadro que garanta a utilização ética dos nanomateriais no tratamento de águas residuais, ao mesmo tempo que promove a inovação e responde às preocupações da sociedade.

Incrustação e integridade da membrana:

A resolução do problema da incrustação e a preservação da integridade da membrana são considerações críticas para a utilização efectiva de membranas de nanomateriais. Uma abordagem envolve a utilização estratégica de modificações da superfície para melhorar as propriedades anti-incrustantes. Ao implementar nanomateriais com características de superfície adaptadas, a propensão para a formação de incrustações pode ser atenuada, contribuindo para um melhor desempenho da membrana. Além disso, a exploração de nanorrevestimentos apresenta uma via promissora para reduzir ainda mais a incrustação e prolongar o tempo de vida das membranas. Estes revestimentos podem atuar como camadas protectoras, minimizando a adesão de contaminantes e aumentando a durabilidade global do sistema de membranas. Complementarmente às modificações da superfície, é essencial o desenvolvimento de protocolos de limpeza eficazes e não destrutivos. Estes protocolos desempenham um papel fundamental na manutenção da integridade da membrana durante períodos de funcionamento alargados, facilitando a remoção da sujidade acumulada sem comprometer a integridade estrutural das membranas de nanomateriais. Ao integrar estas estratégias, o objetivo é otimizar o desempenho e a longevidade das membranas de nanomateriais em várias aplicações, desde a purificação da água até aos processos industriais.

Custo e escalabilidade:

A resposta aos desafios do custo e da escalabilidade é fundamental para fazer avançar a aplicação prática das tecnologias de tratamento de águas residuais baseadas em nanomateriais. Para reduzir os custos de produção, é essencial explorar as economias de escala e as melhorias nos processos de fabrico. A investigação de métodos para aumentar a produção de forma eficiente não só reduz os custos por unidade, como também contribui para a viabilidade económica global das aplicações de nanomateriais. Além disso, a otimização das técnicas de síntese é crucial para tornar os nanomateriais mais rentáveis, assegurando que a sua produção se alinhe com as restrições económicas. Reconhecendo a importância da investigação e desenvolvimento (I&D), é fundamental atribuir financiamento para melhorar a escalabilidade e a relação custo-eficácia. A colaboração entre o meio académico, a indústria e o governo torna-se fundamental para impulsionar a inovação, promovendo uma abordagem sinérgica para enfrentar os desafios tecnológicos e impulsionar a adoção de soluções de tratamento de águas residuais baseadas em nanomateriais com uma boa relação custo-eficácia. Combinando esforços em economias de escala, otimização da síntese e atribuição estratégica de financiamento, o objetivo é tornar as aplicações de nanomateriais mais acessíveis, escaláveis e economicamente viáveis para uma implementação generalizada.

Perceção e aceitação pelo público:

A perceção e aceitação públicas dos nanomateriais no tratamento de águas residuais requerem esforços proactivos na educação, comunicação e demonstração. O início de campanhas de sensibilização do público é vital para educar as comunidades sobre os benefícios dos nanomateriais e as medidas de segurança em vigor. A comunicação transparente é crucial para responder às preocupações, fornecendo informações acessíveis e abrangentes sobre as aplicações, protocolos de segurança e medidas regulamentares que regem a utilização de nanomateriais. Para criar confiança, devem ser implementados projectos de demonstração em pequena escala, que demonstrem a segurança e a eficácia dos nanomateriais em cenários reais de tratamento de águas residuais. Incentivar a participação e o feedback do público em programas-piloto promove um sentido de inclusão e permite que as comunidades expressem as suas preocupações e opiniões. Ao combinar educação, comunicação transparente e demonstrações práticas, o objetivo é melhorar a compreensão e a aceitação pública dos nanomateriais no tratamento de águas residuais, promovendo uma abordagem colaborativa e informada à sua aplicação.

Acompanhamento e controlo:

Garantir a utilização responsável de nanomateriais no tratamento de águas residuais exige uma atenção especial à monitorização e supervisão. O investimento em tecnologias de monitorização avançadas é crucial para rastrear com precisão os nanomateriais e avaliar o seu impacto ambiental ao longo do processo de tratamento. A colaboração com instituições de investigação é fundamental para o desenvolvimento de protocolos de monitorização robustos, melhorando a nossa compreensão do comportamento dos nanomateriais em diversas condições ambientais. Trabalhar em estreita colaboração com as agências reguladoras torna-se imperativo para estabelecer mecanismos de supervisão eficazes para a libertação e o destino dos nanomateriais em efluentes tratados. Esta abordagem colaborativa assegura que os quadros regulamentares se alinham com os avanços tecnológicos, permitindo a melhoria contínua das práticas de monitorização e supervisão. Ao investir em tecnologias avançadas e ao fomentar a colaboração entre instituições de investigação e organismos reguladores, o objetivo é estabelecer um sistema abrangente de monitorização e supervisão que promova a transparência, a responsabilização e a utilização responsável de nanomateriais no tratamento de águas residuais.

Eliminação ética de resíduos de nanomateriais:

A eliminação ética dos resíduos de nanomateriais exige o estabelecimento e o cumprimento rigoroso de protocolos de gestão de resíduos concebidos para lidar com as características únicas dos nanomateriais. Estes protocolos devem ter em conta os potenciais impactes no solo e nas águas subterrâneas, centrando-se na aplicação de medidas de precaução para atenuar quaisquer efeitos adversos. A compreensão do destino e transporte dos resíduos de nanomateriais é crucial para a formulação de estratégias eficazes de gestão de resíduos. Os esforços de colaboração que envolvem investigadores, cientistas ambientais e organismos reguladores são essenciais para avaliar e atualizar continuamente os protocolos de gestão de resíduos de acordo com a evolução dos conhecimentos e dos avanços tecnológicos. Ao dar prioridade a práticas de eliminação éticas e ao incorporar medidas de precaução, o objetivo é minimizar quaisquer potenciais riscos ambientais associados aos resíduos de nanomateriais e assegurar a sua gestão responsável e sustentável.

A abordagem das preocupações relacionadas com os nanomateriais no tratamento de águas residuais exige uma abordagem holística e colaborativa que envolva investigadores, organismos reguladores, partes interessadas da indústria e o público. Ao integrar os avanços tecnológicos com medidas de segurança robustas, comunicação transparente e práticas éticas, os potenciais riscos associados à utilização de nanomateriais podem ser eficazmente mitigados, garantindo a aplicação sustentável e responsável da nanotecnologia no tratamento de águas residuais.

4.2 Potenciais riscos ambientais e para a saúde associados à nanotecnologia

A nanotecnologia é muito promissora para várias aplicações, mas, tal como qualquer tecnologia emergente, também suscita preocupações relativamente a potenciais riscos ambientais e para a saúde. Embora esteja em curso uma extensa investigação para compreender e mitigar estes riscos, eis algumas das principais preocupações associadas à nanotecnologia:

Riscos ambientais:

Os riscos ambientais associados aos nanomateriais resultam das suas propriedades únicas, nomeadamente em comparação com os seus homólogos a granel. Os nanomateriais podem apresentar uma maior toxicidade devido à sua pequena dimensão e grande área superficial, aumentando a reatividade e a interação com os sistemas biológicos. A bioacumulação e a biotransformação são preocupações adicionais, dado que as nanopartículas se podem acumular nos organismos através da cadeia alimentar, conduzindo potencialmente a uma alteração da toxicidade e do impacto ambiental.

Alguns nanomateriais podem resistir à degradação, resultando numa persistência ambiental a longo prazo, o que suscita apreensões quanto ao seu impacto nos ecossistemas e na biodiversidade. A introdução de nanomateriais nos ecossistemas naturais apresenta o risco de perturbações ecológicas imprevistas, com potenciais efeitos nas comunidades microbianas do solo, nos ecossistemas aquáticos e em vários componentes ambientais. Além disso, o comportamento dos nanomateriais em matrizes ambientais complexas não é totalmente compreendido, o que suscita preocupações quanto a consequências imprevistas. As nanopartículas podem interagir com outros poluentes, alterando o seu comportamento e impacto, o que realça a necessidade de investigação exaustiva e de avaliação dos riscos para garantir a utilização responsável e sustentável dos nanomateriais em aplicações ambientais.

Riscos para a saúde:

Os riscos para a saúde associados aos nanomateriais abrangem várias vias de exposição, necessitando de uma análise e investigação cuidadosas para garantir a segurança profissional e dos consumidores. A exposição por inalação constitui uma preocupação para os trabalhadores envolvidos na produção e manuseamento de nanomateriais, uma vez que as nanopartículas transportadas pelo ar podem conduzir a potenciais efeitos respiratórios e ao risco de translocação para outros órgãos. A penetração cutânea é outra via de exposição, particularmente em produtos de consumo como protectores solares ou cosméticos, em que as nanopartículas podem penetrar na pele, suscitando preocupações quanto à absorção sistémica e aos efeitos associados na saúde. As interacções das nanopartículas com as células e os tecidos podem resultar em citotoxicidade ou genotoxicidade, estando a investigação em curso centrada na toxicidade específica dos órgãos e nas respostas inflamatórias. A distribuição sistémica das nanopartículas no organismo é um aspeto crítico, dado que suscita preocupações quanto ao seu potencial para atingir órgãos vitais. Compreender o destino e o transporte das nanopartículas no organismo é crucial para avaliar os riscos para a saúde associados à distribuição sistémica. A imunotoxicidade é uma preocupação adicional, uma vez que a resposta do sistema imunitário às nanopartículas não é totalmente compreendida e a exposição crónica pode levar a alterações na função imunitária. Uma investigação exaustiva e uma monitorização contínua são essenciais para atenuar os potenciais riscos para a saúde associados às diversas vias de exposição dos nanomateriais em vários contextos.

Preocupações regulamentares e éticas:

As preocupações regulamentares e éticas em torno dos nanomateriais põem em evidência os desafios na gestão dos rápidos avanços da nanotecnologia. As lacunas regulamentares, decorrentes do rápido desenvolvimento das nanotecnologias, que ultrapassam os quadros existentes, colocam obstáculos à gestão e abordagem eficazes dos riscos potenciais. As considerações éticas em matéria de nanotecnologia envolvem a garantia de um desenvolvimento, utilização e eliminação responsáveis dos nanomateriais, exigindo um equilíbrio delicado entre os benefícios da nanotecnologia e os potenciais riscos e impactos sociais. Um desafio notável é a falta de protocolos de ensaio normalizados para avaliar a segurança dos nanomateriais, o que complica a avaliação dos riscos e a tomada de decisões regulamentares. O desenvolvimento de métodos de ensaio fiáveis torna-se crucial para colmatar esta lacuna. A perceção do público, influenciada por um conhecimento e uma compreensão limitados das nanotecnologias, pode levar a preocupações e resistências. Abordar proactivamente a perceção do público através de campanhas de sensibilização e da divulgação transparente de informações é essencial para promover a confiança do público e facilitar o desenvolvimento e a utilização responsáveis e éticos dos nanomateriais.

A resposta a estas preocupações implica uma investigação contínua, uma avaliação dos riscos e o desenvolvimento de quadros regulamentares sólidos. As considerações éticas e o envolvimento do público são também fundamentais para garantir o desenvolvimento e a aplicação responsáveis das nanotecnologias, minimizando os potenciais riscos para o ambiente e para a saúde humana.

4.3 Estratégias para uma aplicação responsável e ética

Garantir a aplicação responsável e ética da nanotecnologia envolve a implementação de estratégias que dão prioridade à segurança, transparência e práticas sustentáveis. Apresentamos de seguida as principais estratégias para promover a utilização responsável da nanotecnologia:

Investigação e avaliação de riscos:

O desenvolvimento e a aplicação responsáveis dos nanomateriais exigem uma abordagem abrangente que inclua uma investigação exaustiva e uma avaliação rigorosa dos riscos. Os investigadores devem aprofundar as propriedades e o comportamento dos nanomateriais para obterem uma compreensão matizada das suas características. A integração de estudos de avaliação dos riscos torna-se imperativa para avaliar os potenciais impactos ambientais e na saúde associados à utilização de nanomateriais. Este processo envolve a avaliação da toxicidade, do destino e do transporte, bem como das vias de exposição, para avaliar de forma abrangente os riscos envolvidos. Além disso, é essencial promover uma colaboração aberta entre investigadores, partes interessadas da indústria e agências reguladoras. Esta abordagem de colaboração incentiva a partilha de resultados, conhecimentos e competências, promovendo uma compreensão colectiva das implicações e desafios associados aos nanomateriais. Ao promover um ambiente de colaboração, a comunidade científica pode contribuir coletivamente para o desenvolvimento de orientações de segurança robustas, quadros regulamentares e práticas éticas no domínio da nanotecnologia.

Quadros regulamentares:

A supervisão efectiva e a utilização responsável dos nanomateriais exigem o desenvolvimento e o reforço de quadros regulamentares adaptados às características únicas da nanotecnologia. É imperativo colmatar as lacunas existentes na regulamentação para garantir uma utilização segura, ética e transparente dos nanomateriais em vários sectores. Devem ser implementadas orientações claras e específicas, centradas no fabrico, manuseamento e eliminação de nanoprodutos. Estas directrizes devem incluir protocolos de segurança, estratégias de redução de riscos e considerações éticas para orientar as partes interessadas na navegação pelas complexidades das aplicações dos nanomateriais. Ao moldar e aperfeiçoar proactivamente os quadros regulamentares, os decisores políticos podem criar um ambiente que promova a inovação, salvaguardando simultaneamente a saúde pública, a integridade ambiental e os princípios éticos na paisagem em evolução da nanotecnologia.

Protocolos de testes normalizados:

Para garantir uma avaliação sólida da segurança e a gestão dos riscos dos nanomateriais, é fundamental o estabelecimento de protocolos de ensaio normalizados. Estes protocolos devem ser especificamente concebidos para avaliar os aspectos de segurança dos nanomateriais, abrangendo parâmetros como a toxicidade, a biocompatibilidade e o impacto ambiental. O desenvolvimento de métodos de ensaio fiáveis é uma componente crucial desta iniciativa, assegurando que as avaliações são exactas, consistentes e capazes de fornecer informações significativas sobre os potenciais riscos associados à utilização de nanomateriais. Ao facilitar a criação de protocolos de ensaio normalizados, a comunidade científica, os organismos reguladores e as partes interessadas da indústria podem contribuir coletivamente para um quadro abrangente que melhore a avaliação da segurança dos nanomateriais e apoie a tomada de decisões informadas nas suas aplicações.

Transparência e rotulagem:

Promover a transparência e a comunicação clara relativamente à utilização de nanomateriais é essencial para fomentar a confiança e a tomada de decisões informadas. Os fabricantes e as indústrias devem ser encorajados a adotar a transparência, fornecendo informações detalhadas sobre a inclusão de nanomateriais nos seus produtos. A implementação de normas claras de rotulagem torna-se crucial para garantir que os consumidores sejam informados sobre a presença de nanomateriais nos produtos que compram. Isto permite que os consumidores façam escolhas informadas com base nas suas preferências e preocupações. Para além disso, deve estar prontamente disponível informação acessível e abrangente sobre os benefícios, riscos e considerações éticas associadas à nanotecnologia. Ao dar prioridade à transparência e à comunicação efectiva, as partes interessadas podem contribuir para uma integração mais responsável e eticamente fundamentada dos nanomateriais em vários produtos e aplicações.

Educação e formação:

A promoção de iniciativas de educação e formação é crucial para melhorar a compreensão da nanotecnologia e das suas implicações éticas entre as principais partes interessadas. Os investigadores, os profissionais da indústria e as entidades reguladoras devem ter acesso a programas de ensino e formação sólidos que abranjam os fundamentos da nanotecnologia, as suas aplicações e as considerações éticas associadas. O aumento da consciencialização sobre as implicações éticas é essencial para promover uma abordagem responsável ao desenvolvimento e aplicação de nanomateriais. Devem ser encorajadas oportunidades de aprendizagem contínua para garantir que as partes interessadas se mantenham a par dos últimos avanços da nanotecnologia e das preocupações éticas emergentes. Ao investir na educação e na formação, a comunidade pode construir uma força de trabalho conhecedora e eticamente consciente, lançando as bases para uma integração responsável dos nanomateriais em vários domínios.

Eliminação ética e considerações sobre o fim da vida:

Considerar a eliminação ética e os cenários de fim de vida dos nanomateriais e nanoprodutos é crucial para minimizar o impacto ambiental. O desenvolvimento de directrizes éticas claras é imperativo para orientar a eliminação responsável destes materiais. Deve ser dada especial atenção à consideração das propriedades únicas dos nanomateriais e dos seus potenciais efeitos a longo prazo no ambiente. É essencial a implementação de práticas de eliminação responsáveis que tenham em conta os cenários de fim de vida. Tal inclui a exploração de métodos de eliminação respeitadores do ambiente e o incentivo a iniciativas de reciclagem para alargar o ciclo de vida dos nanoprodutos. Ao integrar considerações éticas em todo o ciclo de vida dos nanomateriais, desde a produção até à eliminação, as partes interessadas podem contribuir para práticas sustentáveis e atenuar os potenciais riscos ambientais associados à utilização das nanotecnologias.

Envolvimento com as partes interessadas:

O envolvimento efetivo e inclusivo das partes interessadas é fundamental para o desenvolvimento e implantação responsáveis das nanotecnologias. Envolver as partes interessadas, incluindo o público, nos processos de tomada de decisão é essencial para responder às preocupações e garantir que as diversas perspectivas são tidas em conta. Esta abordagem participativa ajuda a incorporar considerações éticas e promove a transparência no desenvolvimento e aplicação das nanotecnologias. O estabelecimento de um diálogo contínuo entre a indústria, o meio académico, as entidades reguladoras e a sociedade civil é crucial para garantir uma supervisão abrangente. Este esforço de colaboração facilita a partilha de conhecimentos, a identificação de potenciais riscos e a formulação de orientações éticas que reflectem os valores e preocupações colectivos da comunidade em geral. Ao envolver ativamente as partes interessadas, é possível obter uma abordagem mais informada e equilibrada da nanotecnologia, alinhando os avanços tecnológicos com as expectativas sociais e as normas éticas.

Responsabilidade social das empresas (RSE):

Incentivar as empresas a adotar práticas sólidas de responsabilidade social das empresas (RSE) é essencial para garantir o desenvolvimento e a aplicação responsáveis das nanotecnologias. As práticas empresariais éticas, como a transparência, práticas laborais justas e gestão ambiental, devem ser componentes integrais das iniciativas de RSE. As empresas envolvidas em nanotecnologias devem considerar o impacto social das suas actividades nos seus processos de tomada de decisão. Isto implica avaliar e abordar potenciais implicações sociais, ambientais e éticas e trabalhar ativamente para minimizar quaisquer consequências negativas. Ao dar prioridade à RSE no sector da nanotecnologia, as empresas podem contribuir para avanços sustentáveis e éticos, fomentando a confiança entre as partes interessadas e promovendo a integração responsável dos nanomateriais em várias indústrias.

Colaboração internacional:

A promoção da colaboração internacional em normas e directrizes éticas para a nanotecnologia é essencial para garantir uma abordagem global harmonizada e responsável. O estabelecimento de plataformas para a partilha de melhores práticas, resultados de investigação e experiências regulamentares promove um ambiente de colaboração em que os países podem aprender com os sucessos e desafios uns dos outros. Ao colaborar na abordagem dos desafios globais relacionados com a utilização ética da nanotecnologia, os países podem contribuir coletivamente para o desenvolvimento de quadros abrangentes que considerem diversas perspectivas e potenciais impactos. Esta abordagem de colaboração não só reforça a base ética da nanotecnologia, como também facilita uma resposta mais eficaz a questões emergentes à escala global. De um modo geral, a colaboração internacional é fundamental para criar uma compreensão partilhada das considerações éticas e promover práticas responsáveis no domínio das nanotecnologias.

Campanhas de sensibilização do público:

A realização de campanhas de sensibilização do público é crucial para informar a população em geral sobre as nuances da nanotecnologia. Estas campanhas desempenham um papel fundamental na promoção de uma compreensão abrangente dos benefícios, riscos e considerações éticas associadas aos nanomateriais. Ao divulgar informações exactas e acessíveis, o público pode tomar decisões informadas e fazer escolhas de consumo responsáveis. Estas iniciativas de sensibilização devem realçar os potenciais impactos sociais da nanotecnologia, abordar quaisquer preocupações e realçar as considerações éticas na sua aplicação. O envolvimento do público desta forma contribui para a construção de uma sociedade mais informada e eticamente consciente, encorajando interacções responsáveis com a nanotecnologia na vida quotidiana e promovendo um discurso equilibrado sobre os seus méritos e desafios.

Monitorização e adaptação contínuas:

O estabelecimento de mecanismos de monitorização contínua das aplicações nanotecnológicas é essencial para se manter a par dos desenvolvimentos e potenciais implicações. Tal inclui avaliações contínuas da segurança, do impacto ambiental e de considerações de carácter social.

Os quadros regulamentares e as orientações éticas devem ser adaptáveis, evoluindo com base nos resultados da investigação e nos avanços tecnológicos emergentes. Esta abordagem dinâmica garante que os regulamentos permanecem eficazes e relevantes face a um domínio em rápida evolução. Além disso, é crucial garantir que as considerações éticas evoluam a par do desenvolvimento das nanotecnologias, reflectindo os mais recentes conhecimentos e expectativas da sociedade. Ao adotar uma monitorização e adaptação contínuas, as partes interessadas podem abordar proactivamente os desafios, promover a inovação responsável e navegar pelas complexidades éticas inerentes ao panorama em evolução da nanotecnologia.

Supervisão independente:

A criação de organismos de supervisão independentes dedicados à avaliação das dimensões éticas das aplicações nanotecnológicas é um passo proactivo para garantir um desenvolvimento e aplicação responsáveis. A estes organismos de supervisão deve ser concedida a autoridade para avaliar e fornecer recomendações sobre as implicações éticas associadas a nanoprodutos ou processos específicos. A independência destes organismos é crucial para avaliações imparciais, livres de influências indevidas, e ajuda a incutir a confiança do público no processo de supervisão ética. Ao permitir uma supervisão independente, as partes interessadas podem beneficiar de perspectivas e conhecimentos externos, promovendo um quadro ético sólido que se alinhe com os valores e expectativas da sociedade. Esta abordagem contribui para uma implementação mais transparente e responsável da nanotecnologia, equilibrando a inovação com considerações éticas.

A promoção da aplicação responsável e ética da nanotecnologia requer um esforço de colaboração entre investigadores, indústrias, entidades reguladoras e o público. Ao integrar estas estratégias, torna-se possível aproveitar os benefícios da nanotecnologia, minimizando os potenciais riscos e assegurando que as considerações éticas estão na vanguarda do seu desenvolvimento e implementação.

Capítulo 5: Perspectivas futuras e inovações

5.1 Tendências emergentes e desenvolvimentos futuros em nanotecnologia para o tratamento de águas residuais

A nanotecnologia continua a evoluir, oferecendo soluções inovadoras para o tratamento de águas residuais. As tendências emergentes e os desenvolvimentos futuros da nanotecnologia para o tratamento de águas residuais incluem avanços na conceção de nanomateriais, novos processos de tratamento e uma melhor monitorização ambiental. Eis algumas das principais tendências e direcções futuras:

Nanomateriais avançados:

Os nanomateriais avançados no tratamento de águas residuais oferecem soluções inovadoras para enfrentar os desafios ambientais. Os nanomateriais de design, adaptados a contaminantes específicos, aumentam a seletividade e a eficiência dos processos de tratamento de águas. Estes materiais podem ser projectados com propriedades precisas para visar poluentes específicos, proporcionando uma abordagem mais direccionada e eficaz.

Os nanomateriais inteligentes introduzem a adaptabilidade no tratamento de águas residuais. Estes materiais reactivos podem ajustar dinamicamente as suas propriedades em resposta à alteração das condições da água. Esta adaptabilidade optimiza os processos de tratamento, garantindo uma remoção eficiente dos contaminantes, mesmo em ambientes dinâmicos e variáveis.

Os nanomateriais biodegradáveis representam uma abordagem sustentável ao tratamento da água. Concebidos para se degradarem ao longo do tempo, estes materiais minimizam a persistência ambiental e os potenciais impactos a longo prazo. O desenvolvimento de nanomateriais biodegradáveis alinha-se com os princípios da responsabilidade ambiental, promovendo práticas sustentáveis no tratamento de águas residuais.

Materiais nanocompostos:

Os materiais nanocompósitos representam uma abordagem versátil e eficaz no tratamento de águas residuais. Estes materiais tiram partido das propriedades únicas dos nanomateriais para melhorar as capacidades de tratamento. Duas estratégias importantes neste domínio incluem:

Compósitos multifuncionais: Trata-se da integração de vários nanomateriais em estruturas compósitas. Ao combinar diferentes nanopartículas, como óxidos metálicos, materiais à base de carbono ou polímeros, num compósito, o material resultante pode apresentar uma série de funcionalidades. Esta multifuncionalidade aumenta as capacidades de tratamento, permitindo a seleção simultânea de diversos contaminantes nas águas residuais.

Materiais híbridos: Os materiais nanocompósitos híbridos envolvem a combinação de nanopartículas com materiais tradicionais. Esta sinergia resulta em sistemas híbridos com um melhor desempenho global. Ao integrar as propriedades únicas dos nanomateriais com a estabilidade ou suporte dos materiais tradicionais, estes híbridos podem oferecer maior durabilidade, eficiência e versatilidade nos processos de tratamento de águas residuais.

Ambas as abordagens demonstram o potencial dos materiais nanocompósitos para enfrentar os complexos desafios do tratamento de águas residuais através de uma melhor funcionalidade e desempenho.

Processos de tratamento com recurso a nanotecnologias:

Os processos de tratamento nanométricos representam avanços de ponta no tratamento de águas residuais, tirando partido da nanotecnologia para aumentar a eficiência e a eficácia. Três áreas-chave de enfoque neste domínio incluem:

Avanços na fotocatálise: O desenvolvimento de nanomateriais fotocatalíticos mais eficientes é uma área de destaque. Estes nanomateriais, frequentemente baseados em semicondutores como o dióxido de titânio ou o óxido de zinco, catalisam a degradação de poluentes quando expostos à luz. A investigação em curso visa aumentar a eficiência fotocatalítica, tornando estes processos mais eficazes na decomposição de contaminantes em águas residuais sob várias condições de luz.

Nanotecnologia eletroquímica: A expansão dos processos electroquímicos utilizando eléctrodos à base de nanomateriais é uma via promissora para a remoção eficiente de poluentes. Os nanomateriais, como o grafeno ou os óxidos metálicos, podem melhorar significativamente o desempenho dos métodos de tratamento eletroquímico. Estes materiais oferecem uma elevada área de superfície, uma maior atividade catalítica e uma melhor condutividade, contribuindo para a eficácia global dos processos electroquímicos no tratamento de águas residuais.

Inovações em membranas: As membranas à base de nanomateriais continuam a ser aperfeiçoadas para melhorar a separação e a filtração no tratamento de águas residuais. A nanotecnologia permite a conceção de membranas com tamanhos de poros controlados, maior área de superfície e melhor seletividade. Estas inovações contribuem para uma remoção mais eficiente dos contaminantes, permitindo o desenvolvimento de tecnologias avançadas de tratamento baseadas em membranas.

Estes avanços nos processos de tratamento com nanotecnologias demonstram o potencial da nanotecnologia para revolucionar as metodologias de tratamento de águas residuais, fornecendo soluções mais sustentáveis e eficientes.

Nanosensores para monitorização em tempo real:

Os nanosensores concebidos para monitorização em tempo real representam um avanço tecnológico significativo na avaliação da qualidade da água. Os principais desenvolvimentos neste domínio incluem:

Sensores miniaturizados: O desenvolvimento atual de nanosensores compactos permite a monitorização da qualidade da água no local e em tempo real. Estes sensores miniaturizados, frequentemente baseados em nanomateriais como nanotubos de carbono ou nanopartículas, permitem uma análise rápida e portátil, facilitando a deteção imediata de contaminantes.

Deteção multiplexada: A deteção multiplexada envolve a integração de múltiplas funcionalidades de deteção num único dispositivo nanosensor. Esta capacidade permite a deteção simultânea de vários contaminantes ou parâmetros na água, proporcionando uma compreensão abrangente da qualidade da água. A integração de diferentes elementos de deteção aumenta a versatilidade e a eficiência dos nanosensores para monitorização em tempo real.

Nanosensores sem fios: A incorporação de capacidades de comunicação sem fios nos nanosensores permite a monitorização remota de dados. Estes nanosensores sem fios podem transmitir informações em tempo real sobre a qualidade da água para bases de dados centrais ou estações de monitorização, permitindo uma resposta rápida a problemas emergentes de qualidade da água. Esta caraterística é particularmente valiosa em sistemas de água em grande escala ou remotos.

Adsorventes nanoestruturados:

Os adsorventes nanoestruturados oferecem uma abordagem direccionada e eficiente para a remoção de poluentes no tratamento da água. Dois aspectos cruciais desta tecnologia incluem:

Propriedades de adsorção adaptadas: A conceção de materiais nanoestruturados com afinidades específicas para diferentes poluentes é um objetivo fundamental. Ao adaptar as propriedades da superfície, a morfologia e a composição dos nanomateriais, torna-se possível melhorar a sua capacidade de adsorção e seletividade para contaminantes específicos. Esta personalização permite a remoção mais eficiente e selectiva de poluentes da água.

Adsorventes regeneráveis: Outra área significativa de exploração envolve nanomateriais que podem ser facilmente regenerados para utilização repetida. Os adsorventes regeneráveis podem ser submetidos a processos de dessorção ou libertação dos poluentes capturados, permitindo que o material seja reutilizado várias vezes. Esta regenerabilidade contribui para a sustentabilidade dos processos de tratamento da água, reduzindo a necessidade de substituição frequente dos materiais adsorventes.

A combinação de propriedades de adsorção adaptadas e regenerabilidade em adsorventes nanoestruturados mostra o seu potencial para enfrentar os desafios da poluição da água com eficiência e sustentabilidade. Estes avanços oferecem uma via promissora para o desenvolvimento de tecnologias de tratamento da água mais eficazes e respeitadoras do ambiente.

Nanocatalisadores para processos de oxidação avançados (POA):

Os nanocatalisadores desempenham um papel crucial nos processos de oxidação avançados (POA), contribuindo para a degradação eficiente dos contaminantes no tratamento da água. Dois aspectos fundamentais do desenvolvimento de nanocatalisadores para os POA incluem:

Melhoria da atividade catalítica: A investigação em curso centra-se na engenharia de nanocatalisadores com maior reatividade. Ao afinar a composição, o tamanho e as propriedades da superfície dos nanocatalisadores, os investigadores pretendem maximizar a sua atividade catalítica. Esta reatividade melhorada assegura uma degradação mais eficiente dos contaminantes na água, tornando os POA uma ferramenta poderosa no tratamento da água.

Nanocatalisadores com suporte: A incorporação de nanocatalisadores em materiais de suporte é outro avanço significativo. Esta abordagem aumenta a estabilidade e a capacidade de reciclagem dos nanocatalisadores, resolvendo os desafios relacionados com a sua potencial aglomeração ou desativação durante a utilização repetida. Os nanocatalisadores suportados oferecem um melhor desempenho e longevidade, tornando-os mais práticos para aplicações de tratamento de água à escala industrial.

Nanotecnologia verde

A nanotecnologia verde dá ênfase a práticas ambientalmente conscientes na síntese e aplicação de nanomateriais. Dois componentes-chave da nanotecnologia verde no contexto do tratamento de águas residuais incluem:

Síntese amiga do ambiente: Os investigadores estão a trabalhar ativamente no desenvolvimento de métodos sustentáveis e amigos do ambiente para a síntese de nanomateriais. Isto envolve a exploração de abordagens que minimizem a utilização de produtos químicos perigosos, reduzam o consumo de energia e produzam o mínimo de resíduos durante o processo de síntese. Ao adotar métodos de síntese ecológicos, o impacto ambiental da produção de nanomateriais é significativamente reduzido.

Nanomateriais biogénicos: Outra via promissora no âmbito da nanotecnologia verde é a exploração de nanomateriais produzidos por sistemas biológicos. Os nanomateriais biogénicos, sintetizados por organismos como bactérias, plantas ou fungos, oferecem uma alternativa sustentável e natural para aplicações de tratamento de águas residuais. Estes nanomateriais biogénicos podem apresentar propriedades e funcionalidades únicas, demonstrando o potencial para soluções ecológicas no tratamento de águas com base na nanotecnologia.

A integração de métodos de síntese amigos do ambiente e de nanomateriais biogénicos exemplifica o compromisso com a sustentabilidade na nanotecnologia, promovendo práticas que têm em conta o seu impacto ecológico. Estes desenvolvimentos contribuem para o objetivo mais amplo de alcançar abordagens mais ecológicas e sustentáveis para os processos de tratamento de água.

Nanotecnologia para a recuperação de recursos:

A nanotecnologia desempenha um papel significativo na recuperação de recursos das águas residuais, oferecendo soluções inovadoras para práticas sustentáveis. Dois aspetos fundamentais da recuperação de recursos através da nanotecnologia incluem:

Recuperação de metais e nutrientes: As aplicações nanotecnológicas são utilizadas para a recuperação de metais e nutrientes valiosos das águas residuais. Os nanomateriais com afinidades específicas para determinados metais podem ser utilizados em processos como a adsorção ou a troca iónica para capturar e recuperar seletivamente recursos valiosos de fluxos de águas residuais. Esta abordagem não só contribui para a conservação do ambiente, como também apoia a reciclagem e a reutilização de elementos essenciais.

Geração de energia: Os nanomateriais são integrados nos processos de tratamento de águas residuais para aproveitar a energia. Tecnologias avançadas, como as células de combustível microbianas ou as células fotoelectroquímicas que incorporam nanomateriais, permitem a conversão da matéria orgânica das águas residuais em energia eléctrica. Esta abordagem de dupla finalidade não só trata as águas residuais como também gera recursos energéticos valiosos, contribuindo para o desenvolvimento de sistemas de tratamento de águas residuais sustentáveis e energeticamente eficientes.

A aplicação da nanotecnologia na recuperação de recursos demonstra uma abordagem holística à gestão das águas residuais, alinhada com os princípios da economia circular e do desenvolvimento sustentável. Estas inovações demonstram o potencial das instalações de tratamento de águas residuais não só para atenuar o impacto ambiental, mas também para contribuir para a produção de recursos valiosos.

Integração da nanotecnologia no tratamento convencional:

A integração da nanotecnologia com os métodos de tratamento convencionais representa uma abordagem estratégica para aumentar a eficiência e a escalabilidade do tratamento de águas residuais. Dois aspectos críticos desta integração incluem:

Sistemas híbridos: Os investigadores e engenheiros estão a explorar ativamente a combinação da nanotecnologia com métodos de tratamento tradicionais para criar sistemas híbridos. Estes sistemas potenciam os pontos fortes de ambas as abordagens, com os nanomateriais a proporcionarem uma remoção orientada e eficiente dos contaminantes, enquanto os métodos convencionais contribuem para a estabilidade, fiabilidade e rentabilidade. Ao integrar estas tecnologias, os sistemas híbridos têm como objetivo a remoção abrangente de poluentes, abordando um espetro mais vasto de contaminantes nas águas residuais.

Considerações sobre a redimensionabilidade: Para garantir a aplicação generalizada de soluções baseadas em nanotecnologia, há um foco específico na abordagem dos desafios de escalabilidade. Os investigadores estão a trabalhar para otimizar os processos de produção de nanomateriais, explorar métodos de síntese rentáveis e conceber sistemas de tratamento que possam ser facilmente implementados a uma escala maior. Ultrapassar as barreiras da escalabilidade é crucial para a adoção prática e generalizada do tratamento de águas residuais com nanotecnologias, tornando-o viável para várias dimensões de comunidades e aplicações industriais.

A integração da nanotecnologia com os métodos de tratamento convencionais representa uma abordagem pragmática e holística, com o objetivo de aproveitar as vantagens de ambas as tecnologias para obter soluções de tratamento de águas residuais mais eficazes e expansíveis.

Modelação computacional e ferramentas de previsão:

A modelação computacional e as ferramentas de previsão desempenham um papel vital no avanço do domínio da nanotecnologia para o tratamento de águas residuais. Dois elementos-chave neste domínio incluem:

Aprendizagem automática e IA: A integração de técnicas de inteligência artificial (IA) e de aprendizagem automática (ML) está a ser explorada para otimizar a conceção de nanomateriais e os processos de tratamento. Estas abordagens computacionais avançadas podem analisar vastos conjuntos de dados, identificar padrões e prever configurações óptimas para nanomateriais com base nas propriedades desejadas. Os algoritmos de aprendizagem automática são utilizados para aumentar a eficiência e a eficácia das aplicações nanotecnológicas no tratamento de águas residuais.

Modelação Preditiva: O desenvolvimento de modelos de previsão é essencial para antecipar o comportamento dos nanomateriais em matrizes complexas de águas residuais. Os modelos computacionais permitem aos investigadores simular as interacções entre os nanomateriais e os contaminantes, prever o desempenho dos processos de tratamento e compreender o destino e o transporte dos nanomateriais nos sistemas ambientais. Estes modelos fornecem informações valiosas para otimizar a conceção e a aplicação da nanotecnologia no tratamento de águas residuais.

A incorporação de ferramentas de modelação computacional, de aprendizagem automática e de previsão acelera a descoberta e a implementação de soluções nanotecnológicas eficientes. Estas ferramentas não só ajudam na conceção e otimização de nanomateriais, como também contribuem para uma compreensão mais profunda do seu comportamento em cenários reais de tratamento de águas residuais.

Directrizes e normas regulamentares:

Esforços de normalização: Continuação dos esforços para estabelecer directrizes e normas regulamentares para a utilização da nanotecnologia no tratamento de águas residuais.

Protocolos de avaliação dos riscos: Desenvolvimento de protocolos normalizados para avaliação dos riscos ambientais e para a saúde associados aos nanomateriais.

Colaboração internacional:

Partilha de conhecimentos: Colaboração entre investigadores, indústrias e organismos reguladores a nível mundial para partilhar conhecimentos e melhores práticas.

Iniciativas conjuntas de investigação: Esforços internacionais para enfrentar desafios comuns e fazer avançar a aplicação da nanotecnologia no tratamento de águas residuais.

O futuro da nanotecnologia no tratamento de águas residuais apresenta possibilidades empolgantes, com a investigação e o desenvolvimento em curso a centrarem-se na superação de desafios e na maximização dos potenciais benefícios das soluções nano-ativadas. A colaboração interdisciplinar contínua, a inovação tecnológica e um compromisso com a sustentabilidade serão os principais factores que moldarão o futuro panorama da nanotecnologia para o tratamento de águas residuais.

5.2 Potenciais descobertas e inovações revolucionárias no horizonte

Embora seja difícil prever descobertas específicas, várias áreas de investigação e inovação têm potencial para avanços revolucionários. Desde a minha última atualização de conhecimentos, em janeiro de 2022, eis algumas áreas em que poderão ocorrer avanços:

Cuidados de saúde e medicina:

Medicina de precisão: Avanços nos tratamentos personalizados com base na composição genética, estilo de vida e factores ambientais de um indivíduo.

Edição de genes: Progressos contínuos na tecnologia CRISPR para a edição precisa de genes, potencialmente conducentes a terapias inovadoras.

Imunoterapia: Novos desenvolvimentos no aproveitamento do sistema imunitário para tratar várias doenças, incluindo o cancro.

Inteligência Artificial e Aprendizagem Automática:

IA explicável: Melhorias no sentido de tornar os algoritmos de IA mais interpretáveis e explicáveis para aumentar a confiança e a fiabilidade.

IA na descoberta de medicamentos: Aumento da utilização da IA para acelerar a descoberta de medicamentos, identificando potenciais candidatos com maior eficiência.

Ética da IA e atenuação de preconceitos: Avanços na abordagem das preocupações éticas e dos preconceitos nos sistemas de IA.

Energia e ambiente:

Armazenamento avançado de energia: Avanços em novas tecnologias de baterias para uma vida mais longa, maior capacidade e carregamento mais rápido.

Produção de energia limpa: Avanços em fontes de energia sustentáveis, como as tecnologias solares avançadas ou a energia de fusão.

Captura e utilização de carbono: Inovações na captura e utilização de emissões de carbono para mitigar as alterações climáticas.

Nanotecnologia:

Nanomedicina: Maior desenvolvimento de sistemas de administração de medicamentos e de diagnósticos à escala nanométrica para soluções de cuidados de saúde específicas e eficientes.

Nanoelectrónica: Inovações em eletrónica à nanoescala para uma computação mais rápida e mais eficiente em termos energéticos.

Nanomateriais para aplicações ambientais: Avanços na utilização de nanomateriais para a purificação eficiente da água, filtragem do ar e remediação ambiental.

Exploração espacial:

Exploração de Marte: Avanços na exploração de Marte, incluindo potencialmente missões humanas e tecnologias para uma habitação sustentável.

Turismo espacial: Progressos contínuos nas viagens espaciais comerciais, tornando o turismo espacial mais acessível.

Descobertas de exoplanetas: Descobertas de exoplanetas potencialmente habitáveis e avanços na compreensão de sistemas planetários distantes.

Biotecnologia:

Biologia Sintética: Avanços na conceção e engenharia de sistemas biológicos para aplicações na medicina, agricultura e indústria.

Bioinformática: Avanços na análise e interpretação de grandes conjuntos de dados biológicos, que conduzem a conhecimentos sobre processos biológicos complexos.

Medicina regenerativa: Inovações em engenharia de tecidos e terapias regenerativas para o tratamento de doenças degenerativas.

Computação quântica:

Supremacia Quântica: Realização de tarefas computacionais com computadores quânticos que são praticamente impossíveis para computadores clássicos.

Comunicação quântica: Desenvolvimentos no domínio da comunicação quântica segura e da criptografia.

Materiais quânticos: Descoberta de novos materiais com propriedades quânticas únicas para aplicações informáticas e de deteção.

Robótica e automatização:

Veículos autónomos: Avanços na tecnologia de condução autónoma para uma utilização mais segura e generalizada de veículos autónomos.

Robótica suave: Avanços na robótica macia para robôs versáteis e adaptáveis com aplicações nos cuidados de saúde, exploração e fabrico.

Robôs humanóides: Progressos no desenvolvimento de robôs humanóides com capacidades avançadas de IA para várias tarefas.

Telecomunicações:

Tecnologia 6G: Desenvolvimentos previstos na tecnologia de comunicação 6G, que oferece uma conetividade sem fios mais rápida e mais fiável.

Internet por satélite: Expansão dos serviços de Internet por satélite para fornecer conetividade global.

Segurança das redes: Inovações na proteção das redes de comunicações contra a evolução das ciberameaças.

Ciência dos materiais:

Supercondutores à temperatura ambiente: Descoberta de materiais que exibem supercondutividade a temperaturas mais elevadas, permitindo aplicações mais práticas.

Metamateriais: Avanços na conceção de materiais com propriedades artificiais para aplicações em ótica, acústica e outras.

Plásticos biodegradáveis: Avanços em materiais ecológicos e plásticos biodegradáveis para combater a poluição por plásticos.

Neurociência:

Interfaces cérebro-computador: Progressos no desenvolvimento de interfaces cérebro-máquina para melhorar a comunicação e o controlo.

Neurofarmacologia: Descobertas de novos medicamentos e terapias para doenças neurológicas.

Mapeamento do cérebro: Avanços no mapeamento do cérebro humano com uma resolução sem precedentes para uma compreensão mais profunda dos circuitos neuronais.

Tecnologia da Educação:

Aprendizagem personalizada: Avanços nas plataformas de aprendizagem personalizada baseadas em IA para experiências educativas personalizadas.

Realidade virtual (RV) na educação: Integração da RV e da realidade aumentada (RA) para ambientes de aprendizagem imersivos e interactivos.

Acesso global à educação: Inovações para tornar a educação mais acessível a nível mundial através de plataformas e tecnologias em linha.

É importante notar que o ritmo da inovação pode ser rápido e que os avanços podem ocorrer em áreas inesperadas. A colaboração contínua entre investigadores, indústrias e decisores políticos desempenha um papel crucial na concretização e implementação responsável destes avanços.

5.3 O papel da colaboração interdisciplinar no avanço da área

A colaboração interdisciplinar desempenha um papel fundamental no avanço de vários domínios, reunindo diversos conhecimentos, perspectivas e metodologias. No contexto dos avanços científicos e tecnológicos, incluindo a nanotecnologia, os benefícios da colaboração interdisciplinar são profundos. Aqui está uma exploração dos principais papéis que a colaboração interdisciplinar desempenha para alargar os limites do conhecimento e da inovação:

Resolução holística de problemas:

Desafios complexos: Muitos dos desafios actuais, seja no domínio dos cuidados de saúde, das ciências do ambiente ou da tecnologia, são multifacetados e complexos.

Equipas interdisciplinares: A colaboração entre peritos de diferentes disciplinas permite uma compreensão mais abrangente de problemas complexos e o desenvolvimento de soluções holísticas.

Inovação e criatividade:

Polinização cruzada de ideias: A colaboração interdisciplinar facilita o intercâmbio de ideias e metodologias de diversos domínios.

Soluções inovadoras: A convergência de diferentes perspectivas conduz frequentemente à criação de soluções novas e inovadoras que poderiam não ter sido possíveis no âmbito de uma única disciplina.

Convergência tecnológica:

Integração de tecnologias: A colaboração entre disciplinas permite a integração de tecnologias de diferentes domínios.

Abordagens sinérgicas: A combinação de tecnologias pode resultar em abordagens sinérgicas que aumentam as capacidades e a eficácia das soluções, como se verifica na convergência da nanotecnologia com a biotecnologia ou a inteligência artificial.

Progresso acelerado:

Resolução mais rápida de problemas: A colaboração interdisciplinar acelera o ritmo da resolução de problemas, tirando partido da experiência colectiva.

Utilização eficiente dos recursos: Os recursos, incluindo o financiamento e o equipamento, podem ser utilizados de forma mais eficiente quando as equipas interdisciplinares partilham conhecimentos e infra-estruturas.

Aplicações no mundo real:

Investigação translacional: As colaborações entre o meio académico, a indústria e outros sectores facilitam a tradução dos resultados da investigação em aplicações práticas.

Responder às necessidades da sociedade: As equipas interdisciplinares estão em melhor posição para enfrentar os desafios do mundo real e responder às necessidades da sociedade através do desenvolvimento de soluções aplicáveis.

Formação transdisciplinar:

Benefícios educativos: A colaboração interdisciplinar oferece oportunidades de formação e educação interdisciplinares.

Conjuntos de competências multidimensionais: Os investigadores e os profissionais adquirem um conjunto de competências mais alargado, que lhes permite navegar em diversos aspectos de problemas complexos.

Validação robusta da investigação:

Verificação cruzada: Os resultados e as metodologias podem ser objeto de verificação cruzada por peritos de diferentes disciplinas, o que reforça a solidez dos resultados da investigação.

Reduzir os preconceitos: As perspectivas múltiplas ajudam a identificar e a atenuar os preconceitos que podem existir numa abordagem de uma única disciplina.

Oportunidades de financiamento reforçadas:

Atrair financiamento: Os projectos interdisciplinares são frequentemente mais atractivos para as agências de financiamento, uma vez que se alinham com o reconhecimento crescente da natureza interligada dos desafios científicos e tecnológicos.

Potenciar recursos: Os projectos de colaboração podem potenciar o financiamento e os recursos de várias fontes, permitindo empreendimentos mais ambiciosos e com maior impacto.

Considerações políticas e éticas:

Avaliação holística: A colaboração entre cientistas, especialistas em ética e decisores políticos assegura uma avaliação mais abrangente das implicações sociais, éticas e políticas dos avanços científicos.

Equilíbrio entre inovação e regulamentação: A abordagem interdisciplinar ajuda a encontrar um equilíbrio entre a promoção da inovação e a resolução de preocupações éticas ou riscos potenciais.

Colaboração global:

Parcerias internacionais: As colaborações transfronteiriças facilitam o intercâmbio de conhecimentos a nível mundial e os esforços colectivos para enfrentar os desafios globais.

Partilhar as melhores práticas: Os investigadores de diferentes regiões trazem perspectivas diversas e melhores práticas, enriquecendo a comunidade científica em geral.

Adaptabilidade às tendências emergentes:

Resposta dinâmica: A abordagem interdisciplinar permite uma resposta mais dinâmica às tendências e desafios emergentes.

Agilidade na investigação: Os investigadores podem adaptar-se rapidamente a cenários em mudança e incorporar novos conhecimentos ou tecnologias no seu trabalho.

Reforço das capacidades:

Criação de capacidades de investigação: A colaboração interdisciplinar contribui para o reforço global das capacidades dos investigadores e das instituições.

Incentivar os centros de investigação interdisciplinares: A criação de centros de investigação interdisciplinares promove a colaboração contínua e o intercâmbio de conhecimentos.

A colaboração interdisciplinar é particularmente relevante em domínios como a nanotecnologia, em que a convergência de várias disciplinas, incluindo a física, a química, a biologia, a engenharia e a ciência dos materiais, é essencial para alargar os limites do possível. Ao quebrar os silos tradicionais e ao encorajar a colaboração, a investigação interdisciplinar não só acelera o progresso científico como também aumenta a nossa capacidade de enfrentar desafios complexos do mundo real de uma forma mais abrangente e eficaz.

Conclusão:

Ao concluir esta exploração do tratamento de águas residuais através da lente da nanotecnologia, é evidente que o casamento destes dois campos é imensamente promissor para enfrentar os desafios ambientais prementes do nosso tempo. A viagem empreendida nestas páginas levou-nos desde os fundamentos do tratamento tradicional de águas residuais até ao domínio de ponta da nanotecnologia, onde as soluções inovadoras são forjadas à nanoescala. Ao reflectirmos sobre os capítulos percorridos, surge uma síntese de conhecimentos, revelando o potencial transformador da colaboração interdisciplinar, a paisagem dinâmica dos nanomateriais e a urgência de soluções sustentáveis e eficientes.

A análise crítica dos actuais métodos de tratamento de águas residuais sublinhou as limitações das abordagens tradicionais, lançando as bases para a exploração subsequente do papel da nanotecnologia. Ao compreender os nanomateriais e as suas propriedades únicas, revelámos um domínio em que o tamanho dita o comportamento e a manipulação da matéria à nanoescala abre novas vias para a gestão ambiental. Desde os processos à nanoescala que afectam a purificação da água até à degradação catalítica de poluentes utilizando nanocatalisadores, cada capítulo aprofundou os meandros da aplicação da nanotecnologia no tratamento de águas residuais.

Os desafios e riscos inerentes à utilização de nanomateriais foram dissecados com um olhar atento, reconhecendo que o caminho a seguir exige não só inovação tecnológica, mas também considerações éticas e quadros regulamentares. A urgência crescente de soluções sustentáveis ecoou ao longo destas páginas, sublinhando o imperativo de uma mudança transformadora na forma como abordamos e executamos o tratamento de águas residuais à escala global.

A jornada de colaboração empreendida neste livro reflecte a colaboração mais ampla necessária para enfrentar os desafios complexos e interligados do nosso mundo. Ao olharmos para o futuro, as perspectivas de avanços e inovações revolucionárias acenam-nos, com a nanotecnologia pronta a desempenhar um papel central na definição da próxima fronteira do tratamento de águas residuais. Quer se trate de nanomateriais avançados, de processos de tratamento inovadores ou da integração da nanotecnologia com métodos convencionais, as possibilidades são tão vastas como a própria nanoescala.

Ao concluir o nosso discurso, torna-se claro que a fusão da nanotecnologia e do tratamento de águas residuais não é apenas um esforço científico, mas um apelo à ação - um apelo para aproveitar o poder da inovação para a melhoria do nosso planeta. A narrativa escrita nestes capítulos é um convite aos investigadores, aos decisores políticos, às indústrias e às comunidades para se empenharem num esforço coletivo em prol de soluções sustentáveis, eficientes e éticas para o tratamento de águas residuais. A viagem continua para além destas páginas, e a procura de um futuro mais limpo, mais saudável e mais sustentável é um esforço que transcende as disciplinas e atravessa gerações.

Que os conhecimentos adquiridos nestes capítulos sirvam como faróis que nos guiem para um futuro em que o casamento entre a nanotecnologia e o tratamento de águas residuais contribua não só para a correção ambiental, mas também para o desenvolvimento sustentável em geral. Ao terminarmos estas reflexões, levemos adiante as lições aprendidas, as questões colocadas e a inspiração acesa, pois é no espírito de colaboração e na dedicação inabalável ao nosso planeta que encontramos as chaves para desbloquear um futuro em que a água limpa não é apenas um recurso, mas um direito universal.

Referências

Anjum, M., Miandad, R., Waqas, M., Gehany, F., & Barakat, M. A. (2019, 1 de dezembro). Remediação de águas residuais usando vários nano-materiais. Jornal árabe de química. Elsevier B.V. https://doi.org/10.1016/j.arabjc.2016.10.004

Butnariu, I. C., Stoian, O., & Voicu, §. (2019). Nanomateriais utilizados no tratamento de águas residuais: uma revisão. Jornal Internacional de Engenharia, 175-179. Recuperado de http://annals.fih.upt.ro/pdf-full/2019/ANNALS-2019-2-25.pdf

De La Cueva Bueno, P., Gillerman, L., Gehr, R., & Oron, G. (2017). Nanotecnologia para tratamento sustentável de águas residuais e uso para produção agrícola: Um estudo comparativo de longo prazo. Water Research, 110, 66-73. https://doi.org/10.1016/j.watres.2016.11.060

Devi, M. K., Yaashikaa, P. R., Kumar, P. S., Manikandan, S., Oviyapriya, M., Varshika, V., & Rangasamy, G. (2023). Avanços recentes em nanomateriais à base de carbono para o tratamento de poluentes inorgânicos tóxicos em águas residuais. New Journal of Chemistry, 47(16), 7655-7667. https://doi.org/10.1039/d3nj00282a

Epelle, E. I., Okoye, P. U., Roddy, S., Gunes, B., & Okolie, J. A. (2022, 1 de novembro). Avanços nas aplicações de nanomateriais para tratamento de águas residuais. Ambientes - MDPI. MDPI. https://doi.org/10.3390/environments9110141

Gacem, M. A., Telli, A., & Ould El Hadj Khelil, A. (2020). Nanomateriais para deteção, degradação e adsorção de pesticidas de água e águas residuais. Em Aquananotecnologia: Aplicações de Nanomateriais para Purificação de Água (pp. 325 346). Elsevier. https://doi.org/10.1016/B978-0-12-821141-0.00003-3

Hlongwane, G. N., Sekoai, P. T., Meyyappan, M., & Moothi, K. (2019, 15 de março). Remoção simultânea de poluentes da água usando nanopartículas: Uma mudança do controle de um único poluente para o controle de vários poluentes. Ciência do Ambiente Total. Elsevier B.V. https://doi.org/10.1016Zj.scitotenv.2018.11.257

Jain, K., Patel, A. S., Pardhi, V. P., & Flora, S. J. S. (2021). Nanotecnologia na gestão de águas residuais: Um novo paradigma para o tratamento de águas residuais. Moléculas. MDPI AG. https://doi.org/10.3390/molecules26061797

Jyothirmayee, C. A., Sreelatha, K., & Rao, Y. H. (2016). Inovações em nanotecnologia na purificação de água. Jornal Indiano de Pesquisa em Farmácia e Biotecnologia, 4(6), 282.

Madhura, L., Kanchi, S., Sabela, M. I., Singh, S., Bisetty, K., & Inamuddin. (2018, 1 de junho). Tecnologia de membrana para purificação de água. Cartas de Química Ambiental. Springer Verlag. https://doi.org/10.1007/s10311-017-0699-y

Maity, S., Sinha, D., & Sarkar, A. (2020). Tratamento de águas residuais e efluentes industriais usando nanotecnologia. Em Nanotecnologia nas Ciências da Vida (pp. 299-313). Springer Science and Business Media B.V. https://doi.org/10.1007/978-3-030-34544-0_16

Mpongwana, N., & Rathilal, S. (2022, 1 de maio). Uma revisão da viabilidade técnico-econômica da aplicação de nanopartículas para o tratamento de águas residuais. Água (Suíça). MDPI. https://doi.org/10.3390/w14101550

Mustapha, S., Ndamitso, M. M., Abdulkareem, A. S., Tijani, J. O., Shuaib, D. T., Ajala, A. O., & Mohammed, A. K. (2020, 1 de janeiro). Aplicação de nanopartículas de TiO2 e ZnO imobilizadas em argila no tratamento de águas residuais: uma revisão. Ciência da Água Aplicada. Springer Science and Business Media Deutschland GmbH. https://doi.org/10.1007/s13201-019-1138-y

Nishu, & Kumar, S. (2023). Aplicações nanotecnológicas inteligentes e inovadoras para a purificação da água. Hybrid Advances, 3, 100044. https://doi.org/10.1016/_j.hybadv.2023.100044

Nnaji, C. O., Jeevanandam, J., Chan, Y. S., Danquah, M. K., Pan, S., & Barhoum, A. (2018). Nanomateriais projetados para tratamento de águas residuais: Tendências actuais e futuras. Em Fundamentos das Nanopartículas: Classificações, Métodos de Síntese, Propriedades e Caracterização (pp. 129-168). Elsevier. https://doi.org/10.1016/B978-0-323-51255- 8.00006-9

Qu, X., Brame, J., Li, Q., & Alvarez, P. J. J. (2013). Nanotecnologia para um abastecimento de água seguro e sustentável: Permitindo o tratamento e a reutilização integrados da água. Accounts of Chemical Research, 46(3), 834-843. https://doi.org/10.1021/ar300029v

Saravanan, A., Kumar, P. S., Hemavathy, R. V., Jeevanantham, S., Jawahar, M. J., Neshaanthini, J. P., & Saravanan, R. (2022). Uma revisão sobre métodos de síntese e aplicações recentes de nanomateriais no tratamento de águas residuais: Desafios e perspectivas futuras. Chemosphere, 307. https://doi.org/10.1016Zj.chemosphere.2022.135713

Sharma, V., & Sharma, A. (2012). Nanotecnologia: Uma tendência futura emergente no tratamento de águas residuais com os seus produtos e processos inovadores. Revista Internacional de Investigação Avançada em Ciência, Tecnologia e Engenharia, 2(1).

Sikiru, S., Abiodun, O. J. A., Sanusi, Y. K., Sikiru, Y. A., Soleimani, H., Yekeen, N., & Haslija, A. B. A. (2022). Uma revisão abrangente sobre a aplicação da nanotecnologia no tratamento de águas residuais, um estudo de caso à base de metal usando síntese verde. Journal of Environmental Chemical Engineering, 10(4). https://doi.org/10.1016/j.jece.2022.108065

Thanigaivel, S., Priya, A. K., Gnanasekaran, L., Hoang, T. K. A., Rajendran, S., & Soto-Moscoso, M. (2022). Aplicabilidade sustentável e impacto ambiental do tratamento de águas residuais por abordagem nanobiotecnológica emergente: Estratégia futura para a remoção eficiente de contaminantes e purificação da água. Tecnologias e Avaliações de Energia Sustentável, 53. https://doi.org/10.1016/j.seta.2022.102484

Printed by Books on Demand GmbH, Norderstedt / Germany